Das Buch

Kennen Sie das auch? Sie betreten ein Restaurant und suchen instinktiv einen leeren Tisch irgendwo am Rand, in einer Nische oder am Fenster, und nur im Notfall setzen Sie sich an jenen Platz, der scheinbar »ohne Deckung« in der Mitte des Raumes frei ist. – Fragen Sie sich manchmal, warum Ihr Kind »fremdelt«? Wissen Sie, wie man einen Verkehrspolizisten besänftigen kann, weshalb wir, wenn wir verärgert sind, mit der Faust drohen, oder warum wir an den lieben Gott glauben? Täglich können wir erleben, wie sehr wir immer noch den Verhaltensweisen unserer Urahnen verhaftet sind, wie viele Wildheitsrelikte aus einer Zeit in uns stecken, in der der Mensch, noch im Bärenfell gewandet, die freie Steppe als Lebensraum erobert hat. Theo Löbsack versteht es ausgezeichnet, uns mit diesem Buch behutsam an unsere stammesgeschichtliche Vergangenheit heranzuführen und uns Zusammenhänge und Vernetzungen der Evolutionsgeschichte aufzuzeigen, und das auf eine Art, die Wissenschaft nicht nur verständlich, sondern sogar ausgesprochen vergnüglich werden läßt. Keineswegs will Löbsack uns ermutigen, fehlerhaftes Sozialverhalten oder unkontrollierte Triebhaftigkeit mit Urzeitrelikten zu entschuldigen, »und doch«, so schreibt er in seinem Schlußsatz, »können wir das ›Bärenfell‹ in uns nicht verleugnen, das uns umhüllt und nicht immer zum Schmuck gereicht, ob wir es wahrhaben wollen oder nicht«. Vielleicht denken wir daran, wenn wir uns das nächste Mal dabei ertappen, daß wir im Restaurant schon wieder einen Tisch mit Rückendeckung suchen.

Der Autor

Theo Löbsack, am 19. Oktober 1923 in Thale im Harz geboren, studierte Naturwissenschaften in Halle und Jena. Nach seiner Promotion 1948 war er Redakteur bei der populärwissenschaftlichen Zeitschrift ›Kristall‹ in Hamburg. Seit 1958 ist er freischaffender wissenschaftlicher Schriftsteller. Für seine zahlreichen Sachbücher erhielt er viele Auszeichnungen. Zuletzt ist von ihm erschienen: ›Das unheimliche Heer‹ (1989).

Theo Löbsack:
Unterm Smoking das Bärenfell
Was aus der Urzeit noch in uns steckt

Deutscher
Taschenbuch
Verlag

Von Theo Löbsack
ist im Deutschen Taschenbuch Verlag erschienen:
Das unheimliche Heer (11389)

Vom Autor überarbeitete Ausgabe
Juni 1992
© 1990 Deutscher Taschenbuch Verlag GmbH & Co. KG,
München
Dieses Buch erschien zuerst als gebundene Ausgabe 1990
im Umschau Verlag, Frankfurt am Main, ISBN 3-524-69089-0
Umschlaggestaltung: Celestino Piatti
Umschlagabbildung: Mathias Dietze, München
Umschlagfoto Rückseite: Isolde Ohlbaum, München
Gesamtherstellung: C. H. Beck'sche Buchdruckerei,
Nördlingen
Printed in Germany · ISBN 3-423-30312-3

Inhalt

Ein beängstigender Säugling	7
Was tut der Mensch in Todesangst?	11
»Der Mensch, ein verrückt gewordenes Tier...«	24
Der Mitmensch als »Sache«	34
Warum die Jugend aufbegehrt	44
Der Außenseiter hat es schwer	56
Wenn Anstoßnehmen zum Verbrechen wird	62
Judenverfolgung und Jagd auf »Hexen«	71
Die Urzeit läßt grüßen	80
»Willst du nicht mein Bruder sein...«	89
Die gute und die böse Aggression	97
Wohin das »Clanbewußtsein« führt	108
Der sexuelle Mixbecher	117
Intimes zur Geschlechtlichkeit	124
Vom Protzen mit der Manneskraft	135
Nicht abzuschütteln: das magische Denken	140
Die Neugier und ihre Folgen	153
Verhängnisvolle Wißbegier	161
Warum wir an den lieben Gott glauben	173
Eine Art Motivation	185
Literaturhinweise	187
Register	189

Meiner geliebten Herthi

Ein beängstigender Säugling

Im englischen Manchester, nicht weit vom Geburtsort des großen Charles Darwin, des Begründers der Abstammungslehre, kam im Herbst 1988 ein bemerkenswertes Baby zur Welt. Auf den ersten Blick besaß der kleine Junge alle Merkmale eines menschlichen Wesens. Beim näheren Hinsehen jedoch entdeckte die Hebamme an seinem Hinterteil ein Gebilde, das dort ganz und gar nicht hinzugehören schien. Es handelte sich um einen fünf Zentimeter langen schwanzartigen Fortsatz des Steißbeins, der noch dazu mit feinem Haar bedeckt war.

Zum Glück hielt sich kein katholischer Geistlicher in der Nähe auf, der das Ereignis womöglich auf seine Weise gedeutet und das Entsetzen der Mutter noch vergrößert hätte. Die Ärzte konnten die verstörte Frau indes beruhigen. So etwas, erklärten sie, käme schon einmal vor, wenn auch das Ausmaß des Schwänzchens in die Annalen der Medizin eingehen würde. Nachdem ein Fotograf das Phänomen festgehalten hatte, waltete ein Chirurg seines Amtes und stellte die Schicklichkeit wieder her. Am Körper der irritierten Mutter, so hieß es, hätten sich außergewöhnliche Hinweise auf unsere stammesgeschichtliche Vergangenheit nicht finden lassen.

Daß wir Menschen zum Leidwesen gläubiger Christen von affenähnlichen Vorfahren abstammen, läßt sich nicht mehr leugnen. Auch daß an unserer Anatomie nicht nur zuweilen peinliche Rudimente, sondern zahlreiche durchaus salonfähige Merkmale an jene Zeit erinnern, da wir uns auf Urwaldbäumen von Ast zu Ast schwangen, ist mittlerweile aktenkundig. Wie aber, wenn auch in unserem Verhalten noch so manches an diese Vergangenheit erinnerte? Wenn sich vergleichbare Verhaltensweisen selbst bei solchen Tieren fänden, die stammesgeschichtlich längst eigene Wege fern vom Entwicklungspfad des Menschen gingen?

Bleiben wir einmal beim Anatomischen. Wie weit dürfen wir da zurückgehen? Nehmen wir unseren edelsten Köperteil, das Gehirn als Steuerzentrum für unser Verhalten. Es kam ja nicht erst mit dem Menschen auf die Welt, sondern hatte, wie alle anderen Organe auch, Vorläufer im Tierreich, und nicht nur bei den Säugetieren. Auch die niedersten Wirbeltiere, die Fische, haben schon ein richtiges Gehirn mit Abschnitten, die auch beim Menschen wiederkehren: Vorder-, Zwischen-, Mittel- und Kleinhirn sowie das verlängerte Mark mit den Reflexzentren. Die Fische besitzen zum Beispiel einen hervorragenden Gleichgewichtssinn im Innenohr. Empfindliche Tastnerven an ihrer »Seitenlinie« zeigen den Fischen an, was in ihrer Umgebung passiert. Die Nerven reagieren auf Druckschwankungen und vermitteln die empfangenen Reize dem verlängerten Mark, das gegebenenfalls blitzschnell – unter Umgehung des Gehirns – Muskelbewegungen für Angriff oder Flucht auslöst.

Auch die Insekten besitzen so etwas wie ein Gehirn, die Würmer haben ein strickleiterförmiges Nervensystem, und Spuren von Nervenbahnen finden wir sogar bei den Quallen. Nach Meinung des Zoologen Bernhard Rensch sollen Vorstufen des Geistigen schon in der toten Materie verborgen sein. Dafür spreche einerseits, daß psychische Leistungen im Stammbaum der Tiere nicht plötzlich auftauchen, sondern sich allmählich entwickeln. Vom einfachen Reagieren auf mechanische, akustische, optische und chemische Reize führe der Weg bis hin zu den komplizierten Verhaltensmustern des Menschen. Ferner spreche die Vererbbarkeit geistiger Eigenschaften dafür. Denn diese sei nur verständlich, wenn man von der Bindung geistiger Prozesse an die Materie ausgehe, in diesem Fall an die Erbträgersubstanz DNS in den Zellkernen.

Das führt uns zurück zum Menschen. Was macht einen Erdenbürger aus? Wie wird einer zu dem, was er ist? Wir alle unterscheiden uns ja voneinander, obwohl wir derselben Art angehören, wir sind gewissermaßen Unikate: Einzelausgaben einer Spezies, der wir gern einen hohen Entwicklungsstand bescheinigen. Neben den Unterschieden der Geschlechter, der Körpergestalten, der Haar- und Augenfarben sehen wir ungezählte Varianten des Ganges und der Gesten um uns. Psychische Eigenwilligkeiten, unterschiedliche Neigung zu bestimmten Krankheiten, die Fähigkeit, seelische Belastungen zu »verkraften« und manches mehr machen die Individualität komplett.

Darüber, wie all dies zustande kommt, ist viel geforscht und spekuliert worden. Ganze Bibliotheken über die Einflüsse von Erbanlagen und Umwelt auf den Menschen ließen sich füllen, ehrgeizige »Schulen« verteidigen vehement ihre jeweiligen Auffassungen.

Sicher ist, daß Körperlichkeit und Psyche des Menschen vor allem von Erbe und Umwelt abhängen. Sie sind es, die uns zu einer ganz bestimmten Ausgabe des Homo sapiens heranreifen lassen, die uns jene Einzigartigkeit verleihen, die uns unverwechselbar macht.

Wie ist das zu verstehen?

Was die Umwelt betrifft, so liegt es zum Beispiel auf der Hand, daß kein Erwachsener seine Kindheit verleugnen kann. Frühe Erfahrungen der Jugendzeit, mit Eltern und Geschwistern, den ersten Spielgefährten, die Erlebnisse der Schulzeit, Schönes wie Schmerzliches, Freude und Leid – all das steckt in uns. Was wir in den ersten Lebensjahren erfuhren, ist sogar besonders nachdrücklich in unserem Wesen verankert. Es gestaltet uns mit und begleitet uns bis in den Tod.

Macht man sich die Mühe und schaut sich seine Mitmenschen näher an, so findet man vieles bestätigt, was die Verhaltensforscher schon lange wissen. Da begegnen uns Zeitgenossen, deren Ruhe und innere Ausgeglichenheit auffällt. Werden wir vertrauter mit ihnen, so stellt sich meist heraus, daß sie eine ausgeglichene, harmonische Kindheit hatten. Gewöhnlich sind sie in einer intakten Familie aufgewachsen, haben Mutterliebe erfahren und wenig Unrecht erdulden müssen. Umgekehrt gibt es Menschen, die hart und schnell sind im Verurteilen und langsam im Verzeihen, die ihre Kinder aus geringem Anlaß strafen und sich durch ihr aufbrausendes, unausgeglichenes Wesen von anderen unterscheiden. In deren Kindheit findet man oft gegenteilige Erfahrungen. Solche Naturen haben gewöhnlich als Kinder gelitten, sind hin- und hergezerrt, manchmal von ihren Eltern geprügelt worden. Sie sahen sich früh auf sich gestellt, haben sich durchboxen müssen und wenig menschliche Zuwendung, geschweige denn Liebe erfahren. Natürlich ist das nicht immer so, es ist kein Gesetz, aber es ist doch die Regel.

Das Verhaftetsein mit den ersten Lebensjahren ist freilich nicht alles, was hier anzumerken ist. Unser Wesen hat seine Wurzeln auch und vielleicht hauptsächlich in den Anlagen, die wir geerbt haben. Der Apfel fällt nicht weit vom Stamm, sagt ein Sprichwort. Das bestätigen viele Beispiele. Kinder, denen das Lernen leicht fällt, stammen gewöhnlich von intelligenten Eltern ab, und auch das Gegenteil läßt sich beobachten. Erblich verankert scheint die Vorliebe für bestimmte Berufe zu sein, sie läßt sich nicht selten mehrere Generationen zurückverfolgen. Da heißt es, das hat er von der Mutter, jenes vom Vater. Und »das«, was da gemeint ist, betrifft nicht nur das Körperliche, es zeigt sich auch im Verhalten.

Nicht, daß wir einfach abgewandelte Nachbildungen unserer

Vorfahren wären. Aber so manches schlägt doch durch. Der Bauernsohn übernimmt den Hof des Vaters, falls nicht schwerwiegende Probleme eine andere Entscheidung erzwingen. Wie oft findet man Begabungen wiederkehren wie Musikalität oder technisches Geschick, Erfindergabe, Führungsqualitäten, mathematische, didaktische oder sportliche Fähigkeiten, aber auch den Hang zum Kriminellen: Eigenheiten, die sich auch bei den Eltern oder weiter entfernten Verwandten nachweisen lassen.

Gründlich erforscht hat man allerdings gerade die Zusammenhänge zwischen psychischen Eigenschaften und ihren genetischen Grundlagen noch lange nicht. Viele Fragen sind offen, zumal man weiß, daß viele Verhaltensmerkmale nicht auf einzelne »Gene« zurückgehen, sondern vom Zusammenwirken mehrerer Anlagen und Umwelteinflüsse abhängen.

In diesem Buch wollen wir untersuchen, welche ererbten Eigenarten unseres Verhaltens an unsere stammesgeschichtliche Vergangenheit erinnern. Wir wollen bestimmte menschliche Verhaltensweisen denen unserer Urahnen und auch von Tieren in vergleichbaren Situationen gegenüberstellen. Das müssen, was den Menschen betrifft, nicht immer offen zur Schau gestellte Aktivitäten sein. Manchmal sind es nur Bereitschaften, auf bestimmte Weise zu reagieren, wenn die Umstände dementsprechend sind. Vieles kann da verdrängt, überformt, kultiviert oder verborgen sein, und doch ist es da. »Biologische Radikale«, »Atavismen«, sagen die Wissenschaftler, und es entbehrt nicht einigen Reizes, sie mit Hilfe der Verhaltensforschung, der »Ethologie«, aufzuspüren und bloßzulegen.

Daß wir Menschen mit solchen »Wildheitsrelikten« erbbiologisch ausgestattet sind, daß wir noch immer mit dem »Bärenfell unterm Smoking« leben müssen, sollte natürlich nicht dazu führen, ein unabänderliches Schicksal darin zu sehen oder gar ein Alibi für fragwürdiges Verhalten.

Statt dessen mag es uns anspornen, das eine oder andere nicht gerade »humane« Überbleibsel von einst in uns besser kennen und kontrollieren zu lernen. Selbsterkenntnis, sagt man, sei der erste Schritt zur Besserung. Oder, wie es der Neurologe und Paläoanthropologe Rudolf Bilz einmal ausdrückte: »Die höchste Aufgabe, die uns gestellt ist, glaube ich darin sehen zu dürfen, daß wir mehr und mehr, von Generation zu Generation, von hominiden zu humanen Wesen werden.«

Sehen wir uns um.

Was tut der Mensch in Todesangst?

Zuweilen lugt das »Bärenfell unterm Smoking« hervor, wenn es uns gar nicht bewußt ist. In Situationen großer Gefahr zum Beispiel, oder wenn wir uns tödlich bedroht sehen. Dann verhalten wir uns oft auf eine Weise, wie es Tiere unter vergleichbaren Umständen tun.

Scheint es angesichts übermächtiger Bedrohung keinen Ausweg mehr zu geben, sträuben sich uns die Haare. Tiere reagieren ähnlich. Manche Vögel plustern sich auf, Katzen machen einen Buckel und stellen sich quer zum Angreifer, um größer und gefährlicher zu erscheinen. Sich Totstellen bewirkt nicht selten, daß der Feind von seinem Opfer abläßt. Dem Totstellen entspricht beim Menschen spontanes Einschlafen bei Gefahr, wie es manche erleben. Selbst situationsbedingter Stuhldrang, schutzsuchende Duckbewegungen und sogar der »psychogene Tod« haben ihre Entsprechungen im Tierverhalten, sind uralte Relikte aus unserer stammesgeschichtlichen Vergangenheit.

Bevor wir uns jedoch mit all dem befassen, müssen wir über die Angst sprechen. Denn die Angst, im Sonderfall die Todesangst, spielt hier eine wichtige Rolle. Was ist gemeint, wenn von Angst die Rede ist? Die Philosophen bemühen sich seit langem, den Begriff zu definieren und ihn von der Furcht zu unterscheiden. Sie sagen etwa, Angst sei ein diffuses Gefühl der Bedrohung, das mit Hilflosigkeit gepaart ist. Angst sei eine umfassende Empfindung, gegen die man sich nicht ohne weiteres wehren könne. Ihre Ursachen seien nicht oder nur schwer faßbar. Etwas unheimlich Wesenloses ängstigt uns, überfällt uns gelegentlich sogar aus heiterem Himmel, manchmal als Existenzangst oder Angst vor dem Unbekannten schlechthin. Die Furcht dagegen soll ein konkretes Gegenüber haben, eine greifbare Gefahr beispielsweise, die von einem Feind, einem Tier, einer Naturkatastrophe ausgehen kann, jedenfalls von etwas Faßbarem, bestenfalls Berechenbarem.

Solche Definitionsversuche bleiben jedoch unbefriedigend, zumal sich die Grenzen zwischen Angst und Furcht im täglichen Sprachgebrauch verwischen. Manchmal lassen sich die Begriffe sogar austauschen. Es kann einer Furcht haben vor einem eingebildeten Rätselwesen, das ihm als Schatten auf einem mondbeschienenen Waldweg folgt. Die Angst vor einem Atomkrieg existiert, obwohl wir die Atombombe als höchst greifbare Ursache kennen.

Wie aber, in welchen Situationen, kann Angst töten? Womit wir es hier zu tun haben, ist der »Vagustod«, so genannt nach dem zum vegetativen Nervensystem gehörenden und elementare Lebensvorgänge steuernden Vagusnerv. Vagustod – das ist das Erlöschen der Lebensfunktionen aufgrund von Umständen, in denen die Angst übermächtig wird, ähnlich einem allergischen Reiz, der eine überschießende Abwehrreaktion des Körpers auslöst, einen anaphylaktischen Schock. Es kommt zum Herzstillstand im Streß der Angst.

Angst kann also töten, und wir erleben dieses Phänomen bei Tieren wie beim Menschen unter bestimmten Bedingungen. Beispielsweise in ausweglosen Lebenslagen, wenn keine Hoffnung auf Hilfe in der Not mehr bleibt. Wilde Ratten schwimmen in einer halb mit Wasser gefüllten Stahltonne nur kurze Zeit im Kreis herum, dann wird ihr Herzschlag langsamer, schließlich ertrinken sie. Sie sterben den Vagustod in der für sie hoffnungslosen Lage, obwohl ihre Körperkräfte noch für längeres Schwimmen ausgereicht hätten. Ratten dagegen, denen man nach einiger Zeit des Schwimmens ein Brett zur Flucht in die Tonne steckt, schwimmen in einem späteren Versuch viele Stunden, ja tagelang unermüdlich im Kreis. Ihnen ist die Hoffnung geblieben, das rettende Brett könnte vielleicht wieder auftauchen – für sie ist die Situation nicht ausweglos.

Tierfänger berichten über ähnliche Erfahrungen. Solange sich Steppentiere in Netzfallen nur in ihrer Bewegungsfreiheit eingeschränkt sehen, versuchen sie, sich zu befreien. Nähert sich der Fänger, werden die Befreiungsversuche zunächst heftiger, dann aber, wenn das Tier gefesselt ist und in den Transportkäfig gebracht werden soll, verendet es plötzlich unerwartet. Auch hier tritt der Tod als Reaktion auf die ausweglos gewordene Lage ein.

Den Vagustod durch Herzversagen erleiden nicht selten Gazellen in den Fängen von Leoparden. Die Natur, meint der Paläoanthropologe Rudolf Bilz, korrigiere hier gewissermaßen die Ausweglosigkeit einer Situation, indem sie den grausamen Tod vereitele. Der Feind habe nicht den Triumph der lebenden Beute, sondern nur noch den Kadaver. Bilz selber passierte es einmal, daß ein aus Malaysia stammendes Spitzhörnchen (Tupaia) in seinen Händen starb. Er hatte es zwar behutsam, aber doch fest umschlossen gehalten, so daß es sich nicht befreien konnte. Nach kurzer Zeit fühlte er, wie das Herz des Tierchens langsamer (»paukend«) schlug und sein rosiges Schnäuzchen blaß wurde. Nicht lange, und das Spitzhörnchen starb unter seinen Augen.

Todesformen wie diese finden wir auch beim Menschen. So ist der Fall eines jungen Mädchens dokumentiert, das sich einer gynäkologischen Untersuchung unterziehen sollte. Die Patientin erlitt einen Schocktod auf dem Gynäkologenstuhl in dem Augenblick, als der Arzt ihr Genital berührte. Bilz meint dazu: »Sie war nicht bereit, sich gynäkologisch untersuchen zu lassen, fügte sich aber der Disziplin. Sie erwies sich als moralisch gefesselt, und diese moralische Fesselung, die sich in ihrer Gefügigkeit ausdrückte, wurde ihr zum Verhängnis.«

Seelisch bedingte Todesfälle hat es bei Kriegsgefangenen gegeben, die in der Ausweglosigkeit langjähriger Lagerhaft die Hoffnung auf Rückkehr in die Heimat aufgegeben hatten. Ähnliches weiß man von Strafgefangenen. Sie sterben im Zustand der »Knast-Psychose« oder dem »Gefängnis-Knall«, dessen extremste Form der Selbstmord in der Zelle ist. Der von Schuldgefühlen zusätzlich belastete Häftling erlebt sich in einer Verfassung der Wehr- und Ausweglosigkeit, der er nur den gewaltsamen Tod entgegensetzen kann. Seinen Feinden bleibt nur noch die Leiche.

Der deutsche Psychiater und Psychotherapeut Paul Matussek, dem wir eine aufschlußreiche Untersuchung über die Konzentrationslagerhaft und ihre Folgen verdanken, verweist auf den Fall eines Häftlings, der nach anfänglichem Widerstand in eine mit dem Tode endende Situation der Ausweglosigkeit geriet:

»Das völlige Wertchaos im Konzentrationslager brachte es mit sich, daß die Lagerarbeit allein als Mittel im ›Kampf ums Dasein‹ betrachtet wurde. Ein durchsetzungsfähiger Häftling konnte sich oft eine ›günstige‹ Arbeit erkämpfen, dem schwächeren wurde dagegen eine harte Tätigkeit zugeschoben...

Das traf jedoch nicht immer zu. Es gab nicht nur für den einzelnen ausweglose Situationen, in denen er der völligen Willkür der SS ausgeliefert war, sondern auch bestimmte Lager, in denen allgemein ein eng begrenzter persönlicher Spielraum bestand. So weiß zum Beispiel Eitinger (persönliche Mitteilung 1969) von einem jungen deutschen Juden zu berichten, der in Auschwitz in einer Gruppe religiös Gleichgesinnter lebte, in der er geschützt war. Wegen einer Erkrankung wurde er in das

Revier verlegt und damit von seiner Gruppe getrennt. Nach seiner Genesung bekam er einen Platz in einer Baracke ukrainischer Häftlinge zugeteilt. In der ihm völlig fremden Umgebung konnte er trotz größter Bemühungen nicht Fuß fassen, so daß er innerhalb weniger Tage stark abmagerte und starb.«

Ähnlich wie solche Fälle kann der durch eine Art Fernhypnose bewirkte Tod eines Menschen bewertet werden, den man wegen seiner mystischen Begleitumstände »Voodoo-Tod« genannt hat. Der Begriff ›Voodoo‹ steht für einen magisch-mystischen Geheimbund westafrikanischer Herkunft, den man heute hauptsächlich bei den Negern auf den karibischen Inseln wie Haiti noch findet. Seine Anhänger treffen sich zu rituellen Tänzen, Geisterbeschwörungen und zur Tötung von Opfertieren. Auch beim Voodoo-Tod läßt sich die Ausgangssituation mit dem Kürzel umschreiben: »Das Opfer in der Gewalt seiner Feinde.« Hinzu kommt allerdings meist ein psychologischer Faktor, der mitverantwortlich für das Gefühl der Ausweglosigkeit des Betreffenden ist, nämlich ein übermächtiges, wie auch immer entstandenes Schuldempfinden, ein Befangensein in einer unlösbaren schuldhaften Verstrickung. Den »Feind« verkörpert in diesem Fall eine Gottheit oder stellvertretend ein Medizinmann oder Schamane, der das Opfer als »sündig« verdammt. Er hat es wegen irgendwelcher Verstöße gegen die Stammesordnung, gegen Sittengesetze oder religiöse Tabus als dem Tode verfallen erklärt und einen entsprechenden Fluch ausgesprochen.

Missionsärzte wissen von mysteriösen Todesfällen beispielsweise unter den Papuas auf Neuguinea. Die Betreffenden waren von Schamanen zum Tode verurteilt worden und wähnten sich daraufhin unentrinnbar in der Gewalt des mächtigen, vermeintlich über Zauberkräfte verfügenden Mannes.

Der Psychotherapeut H. J. Schultz beruft sich auf einen Vorfall, den der Geograph Walter Behrmann während einer Forschungsexpedition in der früheren deutschen Kolonie Neuguinea erlebt hat. Auf seiner beschwerlichen Reise durch die Papua-Gebiete begleitete Behrmann ein resoluter Stabsarzt der deutschen Schutztruppe. Einige junge Eingeborene dienten als Träger. Erst später stellte sich heraus, daß die Medizinmänner in den Heimatdörfern der Jungen mit deren Dienst bei den Europäern nicht einverstanden gewesen waren. Sie hatten ihnen dafür mit dem Tod gedroht. Was im weiteren Verlauf geschah, mutet fast gespenstisch an. Als zwei der jungen Papua nach einiger Zeit vom Heimweh geplagt in ihre Dörfer zurückkehrten, starben sie aus unerklärlichen Gründen. Die ärztliche Untersuchung der Leichen ergab keine Hinweise auf die Todesursache, so daß ein psychogener Tod angenommen werden mußte. Ein dritter Träger, der wie die anderen vorübergehend heimgekehrt, dann aber bald zum Forscherteam zurückgegangen war, wirkte seelisch stark mitgenommen. Er schien von Todesfurcht befallen, ängstlich, unsicher und hoffnungslos. Vom Bannfluch des Schamanen getroffen, schien auch er zum Sterben bereit zu sein.

Doch dazu kam es in diesem Fall nicht. Der Stabsarzt erkannte das Problem und tat das einzig Richtige. Er nahm sich den Jungen vor und brüllte ihn kräftig im Kasernenhofton an. So erlebte der junge Papua in Gestalt des Arztes unerwartet eine Respektsperson, die dem mächtigen Medizinmann Paroli zu bieten wagte. Daraufhin kehrten seine Lebensgeister rasch zurück. Der Zauber war aufgehoben, der »zu Tode Geängstigte« sah seine anfangs hoffnungslose Lage plötzlich gar nicht mehr so ausweglos und überlebte.

In jedem Fall sollte man sich hüten, dem Medizinmann »magische Kräfte« zu unterstellen. Viel eher geht es bei den Opfern um Autosuggestion mit tödlichem Ausgang, ein eigengesetzlicher Verlauf, der abgewendet werden kann, wenn eine »Gegenkraft« dem Betroffenen die Schuldgefühle nimmt. Das kann der Fall sein, wenn ein zweiter, zur Kollaboration bereiter Medizinmann in Aktion tritt oder, wie im geschilderten Erlebnis, ein beherzter Mitmensch die Initiative ergreift. Geschieht hingegen nichts, so wirkt das »Todesurteil« bei den dafür Empfänglichen meist unweigerlich.

Wichtig ist es allerdings, daß der Verurteilte vom Zauberer oder Schamanen ein bestimmtes Datum oder einen eng begrenzten Zeitraum für den Todeseintritt gesetzt bekommt. Niemals tritt ein Voodoo-Tod ein, wenn das Opfer nicht weiß, daß es zum Sterben verurteilt wurde, und wenn kein genauer Zeitpunkt dafür genannt ist. Da die Schamanen dies offenbar wissen, sorgen sie dafür, dem Verurteilten das Datum unmißverständlich bekanntzugeben. Manchmal erinnern sie ihn sogar noch daran, indem sie in der Nacht vor dem Termin ein »Todeszeichen« in Gestalt eines Fetischs an seiner Hüttentür anbringen.

Der Automatismus dieses verhängnisvollen Geschehens läuft bemerkenswerterweise auch bei solchen Stammesangehörigen ab, die zum Christentum übergetreten sind. Alle Versuche, solchen »Konvertiten« mit Formeln aus der christlichen Glaubenswelt zu helfen, blieben vergeblich. Offenbar erweist sich die für den Eingeborenen neue christliche Glaubenslehre als nicht stark genug, die Macht der bisher zuständigen Gottheit beziehungsweise des Schamanen als deren Stellvertreter zu brechen.

Für den psychogenen Tod in ausweglosen Situationen gibt es noch andere sonderbare Beispiele. Bei den Ureinwohnern Nordwest-Australiens übernimmt das sogenannte Totsingen die Funktion des Todesurteils. Dabei sagt der Medizinmann dem Stammesmitglied durch Absingen beschwörender Lieder den Tod voraus, der dann gewöhnlich auch eintritt.

Der Oldesloer Arzt Hannes Lindemann erwähnt in seinem Buch ›Autogenes Training‹ den Fall des ungarischen Hofnarren Gonella, der seinen Fürsten erschreckt hatte und deshalb zum Tode verurteilt worden war. Mit verbundenen Augen führte man ihn aufs Schafott. Als ihm der Henker auf Geheiß des Fürsten statt des erwarteten Beilhiebes eine Schüssel kalten Wassers über den Nacken goß, starb er vor Schreck und in der vermeintlichen Ausweglosigkeit seiner Lage.

Nicht immer und nicht unbedingt muß beim Voodoo-Tod allerdings eine Schuldverstrickung im Spiel sein, ausnahmsweise geht es auch ohne sie. Rudolf Bilz beschreibt eine junge Frau, die einen psychogenen Tod starb, nachdem ihr eine Zigeunerin geweissagt hatte, sie werde an einem bestimmten Tage sterben. Die zu Tode Erschrockene habe an »dämonische Kräfte« der Weissagerin geglaubt und sei in tiefe Verzweiflung gefallen. Der Tod kam prompt zur angegebenen Zeit.

In weniger extremen Fällen lösen Situationen der Ausweglosigkeit reflexhafte, instinktive Handlungen aus, die Parallelen zum Tierverhalten aufweisen. Das können Reaktionen sein, die ihre Wurzeln in den einstigen Wildbahnzeiten des Menschen haben und damals auch zweckmäßig gewesen sind, ihren Sinn und Zweck heute jedoch verloren haben. Aufschlußreiche Beobachtungen dazu gelangen Rudolf Bilz in Berliner Luftschutzkellern während des Zweiten Weltkriegs. Damals versammelten sich hier die Hausbewohner, um in fragwürdiger Sicherheit die Angriffe abzuwarten:

»Häufig konnte ich feststellen, wie die Leute, und zwar Männer wie Frauen, wenn sie die Bomben vernahmen, die Köpfe nach vorn bewegten, während sie einen krummen Rücken machten. Wenn die Bomben in sogenannten Kettenabwürfen fielen, so führte das Nacheinander der Detonationen zu einem rhythmischen Zusammenducken und Vorstoßen der Köpfe. Dieses Verhalten war, biologisch gesehen, ein Deckungnehmen, wenn es auch nur symbolisch erfolgte.«

Bei einer Frau beobachtete Bilz etwas besonders Merkwürdiges: Es überkam sie nämlich – als einzige – in den brenzligsten Situationen regelmäßig eine unwiderstehliche Müdigkeit, und so schlief sie tief und fest ein. Für sie »war der Keller, aus dem es kein Entrinnen gab, in der Gewalt der Feinde, denen sie sich durch ihren schlafartigen Zustand entzog«.

Möglicherweise ließe sich das Verhalten dieser Frau auch als Totstellreflex deuten. Der Gegner soll glauben, seine Beute sei bereits tot oder doch wehrlos, der Kampf also »gegenstandslos« geworden. Eine solche Reaktion findet man verbreitet bei Tieren, etwa Käfern oder Spinnen. Selbst bei Vögeln wie den Säbelschnäblern kann man beobachten, wie während der Kommentkämpfe in die Enge getriebene Tiere den Kopf unter die Flügel stecken und so tun, als schliefen sie. Die gern erzählte Geschichte vom Vogel Strauß, der seinen Kopf bei Gefahr in den Sand steckt, um sich seinen Verfolgern zu entziehen, ist allerdings ein Märchen.

In den Luftschutzkellern habe er auch Frauen erlebt, schreibt Bilz, die beim Detonieren der Bomben fortzulaufen versuchten, doch wurden sie von den Luftschutzwarten regelmäßig daran gehindert. Der Aufenthalt im Luftschutzraum entsprach einer typischen Situation der Ausweglosigkeit, denn es war vorgeschrieben, diesen Raum bei Fliegeralarm aufzusuchen und bis zur »Entwarnung« dort auszuharren. Der Luftschutzwart achtete strikt darauf, daß alle Hausbewohner dies auch taten, niemand durfte oder konnte sich ausschließen.

Während für die reflexhaft sich duckenden Schutzraum-Insassen das auch unter Tieren verbreitete Prinzip galt, möglichst nicht »gesehen« zu werden, hätten wir es bei der zu fliehen bereiten Frau mit der Reaktion »Flucht vor dem Feind« zu tun. Obwohl der Vergleich gewagt erscheint, erlebt man Ähnliches bei Ratten. In ausweglose Enge getrieben, unternehmen sie verzweifelte Ausbruchsversuche mit der »Flucht nach vorn« durch die Beine ihrer Verfolger hindurch.

Bei manchen Hausbewohnern äußerte sich die Angst im Luftschutzkeller in lautem Schreien, vergleichbar dem Singen einsamer Wanderer im nächtlichen Wald, wenn sie auf diese Weise ihre Angst zu vertreiben suchen. Von Häftlingen im

Konzentrationslager wird berichtet, daß sie in voller Kenntnis ihres Schicksals mit einem Pfarrer an der Spitze singend in die Gaskammer zogen, wenngleich hier Gottergebenheit mitgespielt haben mag. Als gegen Ende des Krieges in der Mainzer Innenstadt ein Frauenkloster von Bomben getroffen wurde, sollen die im Keller versammelten Nonnen vor ihrem Tode ebenfalls noch gesungen haben.

Lautäußerungen, die denen eines schreienden Kindes vergleichbar sind, das auf dem Schulhof verprügelt werden soll, findet man auch bei Tieren. Zoobesucher kennen das Angstgeschrei bedrohter Paviane. Wir alle haben schon das aufgeregte Gegacker von Hühnern erlebt, wenn ein Hund sie verfolgt. Bilz setzte einmal eine Dohle in eine Voliere mit Rabenkrähen, woraufhin diese die Dohle sofort angriffen. Es war jedoch in der Voliere ein Holzkasten vorhanden, in den die Dohle flüchten konnte. Nachdem dies geschehen war und die Krähen sich vor dem Kasten wütend aufführten, begann die Dohle laut zu singen.

Angst ist im Spiel, wenn man sich von einer schutzbietenden Gemeinschaft verlassen fühlt, wenn die »Geborgenheit der Herde« nicht mehr besteht. So etwas passiert vor allem in unbekannter, gefahrenträchtiger Umgebung. Dem liegt die Erfahrung zugrunde, daß der Aufenthalt in einer vertrauten Gruppe seit je normalerweise sicherer ist als der Alleingang. Wo mehrere Lebewesen der gleichen Art beisammen sind, gibt es entsprechend mehr Sinnesorgane, die drohende Gefahren wahrnehmen können. Dies gilt für Menschen wie für gesellig lebende Tiere gleichermaßen. Bedrohungen werden eher bemerkt, Gegenwehr oder Flucht können effektiver sein.

Das war in Urzeiten so, und es klingt heute noch an, etwa bei Gruppenwanderungen oder beim Beeren- oder Pilzesuchen im Wald. Dabei kann es geschehen, daß einzelne vom Gros abkommen. Sobald die Abgeirrten die »Geborgenheit der ziehenden Herde« nicht mehr spüren, ergreift sie Unsicherheit. Suchend blicken sie sich um. Wo sind die anderen? Ist niemand in Sichtweite, versuchen sie durch »Kontaktrufe« die Verbindung wieder herzustellen. Sie rufen zum Beispiel »Hallo« oder den Namen eines Gefährten, vergleichbar den von der Glucke getrennten Küken.

Merkwürdig aber ist: Diese Notrufe entsprechen immer der sogenannten Kuckucksterz. Auch bei anderen zweisilbigen Worten, die als Zuruf verwendet werden, wie »Mama«, »Juhu«

oder Personennamen, ändert sich der Tonfall nicht. Achten Sie einmal darauf, immer ist es die kleine Terz. Die Terz, schließt Bilz, verbindet den sich auflösenden Verband. Sie ist – wie viele andere Verhaltensbereitschaften des Menschen – ein Wildheitsrelikt, ein biologisches Radikal.

Übrigens hat die Angst davor, sich zu verirren, ihren Niederschlag auch in unserer Muttersprache gefunden. Wir sagen, wir hätten ein Mitglied unserer Wandergruppe im Wald »verloren«, wenn dies die Gruppe nicht wiedergefunden hat. Während aber solch ein Vorfall heute in unseren Wäldern kaum noch Anlaß zur Sorge liefert, war das »Verlorengehen« etwa in den Urwäldern oder Tundren der Vorzeit viel gefährlicher. Damals bedeutete ein Abirren von der Gruppe nicht selten den Tod. Tatsächlich enthält die Wendung »er ist verloren«, wie wir sie angesichts eines Todkranken gebrauchen, auch heute noch jenen ursprünglichen Sinn, der ihr seit der Frühzeit der Sprachentwicklung innewohnt.

Was alles in Situationen der Angst und Ausweglosigkeit geschehen kann, hängt wesentlich von den Begleitumständen ab und davon, wie der Betreffende die Bedrohung erlebt. Der Biologe und Verhaltensforscher Jakob von Uexküll hat vom »Bedeutungserleben« gesprochen. Dies ist die persönliche Art und Weise, wie bestimmte Situationen oder Umstände vom einzelnen empfunden werden, ein Zusammenhang, der auch für Tiere gilt.

In seiner »Bedeutungslehre« führt von Uexküll dazu eine Reihe von Beispielen an. So seien wir Menschen leicht geneigt zu glauben, Insekten wie Bienen oder Libellen stehe die ganze Welt offen, wenn wir sie auf einer blumengeschmückten Wiese beobachten. Das sei aber ein Irrtum. Denn Bienen oder Libellen und andere Tiere könnten sich keineswegs in der Natur frei bewegen. Vielmehr sei jedes scheinbar noch so frei sich tummelnde Lebewesen auf seine spezielle »Wohnwelt« angewiesen und an sie gebunden. Innerhalb dieser Wohnwelt trete es »einer Anzahl von Gegenständen gegenüber, mit denen es engere oder weitere Beziehungen unterhält«. Diese »Gegenstände« können für verschiedene Lebewesen ganz verschiedene Bedeutungen haben. Uexküll erläutert:

»Gesetzt den Fall, ich werde auf einer Landstraße von einem wütenden Hunde angebellt. Um ihn loszuwerden, hebe ich einen Chausseestein auf und verjage den Angreifer mit einem geschickten Wurf – dann wird niemand, der den Vorgang beobachtete und den Stein nachher aufhob, daran zweifeln, daß es derselbe Gegenstand ›Stein‹ war, der anfangs auf der Straße lag und nachher dem Hunde nachgeworfen wurde...

Weder die Form, noch die Schwere, noch die sonstigen physikalischen und chemischen Eigenschaften des Steines haben sich geändert. Seine Farbe, seine Härte, seine Kristallbildungen sind die gleichen geblieben – und doch hat sich eine grundlegende Wandlung an ihm vollzogen: Er hat seine *Bedeutung* gewechselt...

Solange der Stein der Landstraße eingegliedert war, diente er dem Fuß des Wanderers als Unterstützung. Seine Bedeutung lag in seiner Teilnahme an der Leistung des Weges. Er hatte, wie wir uns ausdrücken können, einen ›Wegton‹...

Das änderte sich von Grund auf, als ich den Stein aufhob, um ihn nach dem Hunde zu werfen. Der Stein wurde zu einem Wurfgeschoß – eine neue Bedeutung wurde ihm aufgeprägt. Er erhielt einen ›Wurfton‹...

Der Stein, der als beziehungsloser Gegenstand in der Hand des Beobachters liegt, wandelt sich in einen Bedeutungsträger, sobald er in Beziehung zu einem Subjekt tritt. Da kein Tier jemals als Beobachter auftritt, darf man behaupten, daß kein Tier jemals zu einem ›Gegenstand‹ in Beziehung tritt. Durch die Beziehung allein wandelt sich der Gegenstand in den Träger einer Bedeutung, die ihm von einem Subjekt aufgeprägt wird.«

Ein markantes Beispiel für einen solchen Bedeutungswandel wäre im Fall der »zum Tode« verurteilten Papua-Lastenträger des Neuguinea-Forschers Behrmann der Fetisch oder das magische Zeichen an der Hüttentür des Bedrohten. Beim Unbefangenen weckt das an sich belanglose Machwerk aus Federn, Haaren, gefärbten Hölzern oder ähnlichen Dingen allenfalls Neugier oder ist von ethnologischem Interesse. Für den Naiven, auf den es gemünzt ist, hat es die furchtbare Bedeutung des nahen Todeszeitpunkts.

Einige Beispiele für das Verhalten Schutzsuchender im Luftschutzkeller haben wir schon genannt. Rudolf Bilz hat Frauen geschildert, die während der Bombenangriffe einschliefen, flüchten wollten oder schrien. In einem besonders bemerkenswerten Fall erlebte er eine Frau, die in der Gefahrensituation ihrem Stuhldrang nachgeben mußte. »Sie verließ den Raum, um oben, obgleich eben da oben die größte Gefahr bestand, ein Klosett aufzusuchen. Nach ihrer Aussage bestand der Stuhldrang unabweisbar. Hätte man ihr die Genehmigung nicht gegeben, den Kellerraum zu verlassen, so hätte sie, wie sie sagte, an Ort und Stelle ihre Notdurft verrichten müssen.«

Wie ist so etwas zu erklären? Bilz bietet an, es als »Platzbehauptungszwang« zu verstehen. Unwillkürlich denkt man an Tiere, die ihr Revier markieren, indem sie an bestimmten Stellen Urin oder Exkremente hinterlassen, wenn sie sich bedroht fühlen oder fürchten, ein anderer, ein »Feind«, könnte ihnen das beanspruchte Terrain streitig machen. Die Exkremente mit ihrem Geruch also als symbolische Absicherung, als Schutz vor Gefahr? Manche Deutungen der Paläoanthropologen mögen umstritten sein, ganz von der Hand zu weisen sind sie sicher nicht.

Ich erinnere mich in diesem Zusammenhang an einen längeren Krankenhaus-Aufenthalt wegen einer schweren Knochenmarkentzündung am Knie, die ich als Kind nach einem Unfall erlitten hatte. Es war zu jener Zeit, als es weder Antibiotika noch Sulfonamide gab. Mein Zustand verschlechterte sich rasch, das Fieber stieg auf nahezu 42 Grad, und die Ärzte bekämpften die sich ausbreitende Blutvergiftung durch immer neu gesetzte Schnitte an Knie, Oberschenkel und in der Kniekehle unter der damals üblichen Chloroform-Narkose. Schmerzhafte Drainagen des Kniegelenks und das Verbinden der eiternden Wunden ohne Narkose im Wechsel mit den wiederholten chirurgischen Eingriffen sind mir noch heute als Horrorvision in Erinnerung.

War es wieder soweit, so kündigte sich das Martyrium jeweils mit einem durchdringenden rasselnden Geräusch an, das die von Pflegern im Laufschritt geschobene Rollbahre auf dem gefliesten Klinikflur erzeugte. Verstummte das Rasseln vor meiner Zimmertür, so hatte ich als damals Neunjähriger das Gefühl, als hole man mich zur Exekution. Wenn die Pfleger dann das Zimmer betraten, überfiel mich regelmäßig ein unwiderstehlicher Harndrang, so daß ich darum bat, vor der Abfahrt zum Operationsraum noch die Bettflasche benutzen zu dürfen. Die Pfleger mochten dieses immer wiederkehrende »Ritual« als zeitgewinnendes Manöver werten, und auch bei mir mag derlei mitgespielt haben. Heute möchte ich die Entscheidung gern den Paläoanthropologen überlassen, ob hier nicht auch ein Verhaltensrelikt aus einstigen Wildbahnzeiten anzunehmen war. Denn die Situation war eindeutig »ausweglos«. Das Kind sah sich den Pflegern und den mit Chloroform und Skalpell schon wartenden Ärzten hilflos ausgeliefert, der Gedanke an die womöglich lebensrettende Bedeutung der Behandlung kam ihm natürlich nicht. Der Harndrang in diesem Falle also auch eine Art »Platzbehauptungszwang« gegen die gefürchtete Prozedur?

Schließlich ist an Fälle zu denken, in denen Menschen in Situationen der Ausweglosigkeit erkranken. Schon im Vorfeld solcher Lebenslagen kann es zu harmloseren Unpäßlichkeiten kommen wie Kopfschmerzen oder Durchfall – etwa dann, wenn wir unverhofft heftig »gestreßt« werden, was immer man unter diesem Modewort verstehen will. Auch Magengeschwüre kommen als Folge anhaltender psychischer Belastung vor. Ferner hat sich in letzter Zeit der Verdacht erhärtet, daß seelisch Geplagte und Depressive, die aus den sie bedrückenden Umständen keinen Ausweg sehen, einem Krebsleiden weniger Widerstand entgegenzusetzen vermögen als andere Menschen.

Erkrankungen, die auftreten, wenn aufs äußerste reduzierte Lebensbedingungen herrschen, wenn erbarmungswürdige Verhältnisse erduldet werden müssen oder schuldloses Gequältwerden an der Tagesordnung ist, findet man auch bei Tieren. Auch Tiere erkranken häufig, wenn sie – wildlebend gefangen – in Käfige gesteckt und, ihrer Bewegungsfreiheit beraubt, unter artfremden Bedingungen gehalten werden. Für Zootiere gilt das allerdings nur eingeschränkt, denn man tut ja vieles, um ihnen bis auf die Bewegungsfreiheit ein wenigstens annähernd artgemäßes Leben zu ermöglichen und schützt sie vor Feinden. Es sei jedoch an die Extremfälle der eingepferchten Kälber in den Mastbetrieben und die »Batteriehühner« erinnert, die nicht selten in einem skandalösen Zustand dahinvegetieren und überwiegend schwer verhaltensgestört sind.

Was den Menschen betrifft, so gibt uns Paul Matussek in einer Dokumentation über die Konzentrationslagerhaft und ihre Folgen wichtige Fingerzeige.

Um zu verstehen, warum es bei den KZ-Inhaftierten verbreitet zu bestimmten Erkrankungen kam, muß man sich die Belastungen vergegenwärtigen, denen sie in den Lagern ausgesetzt waren.

Vier Kurzberichte von Überlebenden mögen stellvertretend dafür stehen, was diesen Menschen zugemutet worden ist und warum sie unter ständiger Todesangst, körperlicher Zermürbung und psychischen Störungen litten:

»Das Gefühl, in solchen Händen zu sein, wo man jede Stunde mit dem Tode rechnet, war am schlimmsten. Ich war schon bald kein Mensch mehr. Ich dachte, ich werde verrückt vor Angst.

Sie sagten, jeder Jude hat sein Todesurteil schon in der Tasche. Und dann immer das Aussuchen zum Vergasen...«

Ein zweiter Häftling berichtet: »Man mußte dauernd mit Schlägen rechnen. Den Hunger konnte man noch aushalten. Aber die Kapos und Blockältesten waren fürchterlich. In Dachau wollte mich ein polnischer, nichtjüdischer Stubenältester auf folgende Weise ersticken: Er stopfte mir einen Schlauch in den Mund, dessen anderes Ende an einen Wasserhahn angeschlossen war. Ich habe mich jedoch gewehrt, und kurz vor dem Tode konnte ich mich aus seinen Händen befreien.«

Die Erinnerung eines Dritten: »Ich empfand es am schlimmsten, daß ich dauernd in Gefahr war, wegen Kleinigkeiten zusammengeschlagen zu werden. Es war quälend für mich, sehen zu müssen, wenn andere geschlagen wurden. Ich lebte in fortwährender Spannung und Angst, aufzufallen und mißhandelt zu werden. Damals trat darauf erstmals häufig Durchfall auf. Auch heute erleide ich bei Aufregungen leicht Durchfall.«

Eine Frau berichtet, daß sie es als besonders entwürdigend empfunden habe, als man ihr die Haare abschnitt und sie sich nackt vor den SS-Leuten im Brauseraum waschen mußte, »während die Wachmänner sich über Belanglosigkeiten unterhielten«.

Auch die Beziehungen der Häftlinge untereinander litten unter den unmenschlichen Haftbedingungen: »Von menschlicher Beziehung und Kameradschaft konnte in Auschwitz überhaupt keine Rede sein. In Auschwitz war man weder Mensch noch Tier, sondern nur eine Nummer. Die Mithäftlinge waren genauso bestialisch wie die Verfolger, mit denen man an sich gar nicht in Berührung kam.«

Es wundert nicht, daß zahlreiche einstige KZ-Häftlinge Spätschäden in Gestalt körperlicher oder seelischer Krankheiten davontrugen. Schon im Lager selbst litten viele an Herz-Kreislaufstörungen, Depressionen und ständiger Angst. Viele hatten Selbstmordabsichten. Frauen erlebten es häufig, daß ihre Regel ausblieb. Matussek fand, daß für die Art der Lagererkrankungen und die Spätfolgen die Persönlichkeitsstruktur der Betreffenden mitentscheidend war. 88,9 Prozent der Befragten hätten angegeben, vor der Inhaftierung nie ernstlich krank gewesen zu sein.

»Der Mensch, ein verrückt gewordenes Tier...«

Wenn Tiere sprechen könnten, wenn sie uns auch nur einmal ihre Meinung sagten – wir wären wahrscheinlich sehr erstaunt. Hätten sie Verstand, so würden sie vermutlich erklären: der Mensch ist ein verrückt gewordenes Tier, das in höchst gefährlicher Weise den gesunden Tierverstand verloren hat. Er ist ein Tier, das wahnwitzig geworden ist.

Diese gleichnishafte Wendung Friedrich Nietzsches sollte nachdenklich stimmen. Neue Lebensräume zu erobern, eine einst als feindlich erlebte Umwelt zu zähmen, sie den eigenen Bedürfnissen gefügig zu machen und immer wirksamere Tricks dafür zu ersinnen, sich ständig komfortabler fortzubewegen, zu bekleiden, Raubbau zu treiben an den Wäldern und dem Boden immer mehr abzugewinnen – kurz: sich die Natur »untertan« zu machen, das mag zwingend geboten gewesen sein zu einer Zeit, da es weder Bevölkerungsexplosion noch Umweltkrise gab. Heute hat solches Verhalten tödliche Folgen. Was aus dem »Untertanmachen« der Natur geworden ist, demonstrieren die Baumgerippe in den sterbenden Wäldern, wir sehen es an den verpesteten Meeresstränden, der verschmutzten und gefährlich sich erwärmenden Luft und an einem Bevölkerungszuwachs, der alle Zukunftshoffnungen auf ein menschenwürdiges Leben zunichte macht, wenn er so weitergeht.

Dabei kommen wir Menschen aus diesem Teufelskreis gar nicht mehr heraus. Denn was uns so denken läßt, wie wir denken, was uns so handeln läßt, wie wir handeln, geht auf jene in Jahrmillionen gewachsenen und einst zweckmäßigen Verhaltensweisen zurück. Tatsächlich werden wir heute bedroht von jenen Antrieben aus einstigen Wildbahnzeiten. Denen können wir kaum entrinnen. Noch immer steuern sie unser Tun und Lassen in einer längst übervölkerten, ausgeplünderten und gepeinigten Natur, und sie tun dies unverändert weiter. Sie bringen uns noch um Kopf und Kragen. Doch soll hier nicht vom Untergang der Menschheit die Rede sein, so drohend er sich auch schon abzeichnet. Wir beschäftigen uns mit den »Wildheitsrelikten« in uns – auch mit solchen, die nicht unbedingt das Überleben des Homo sapiens gefährden.

Manches ist da ausgesprochen amüsant. So etwa das Einschlafen im Dienst, eine peinliche Schwäche vieler Menschen, die dann und wann lautstarke Beschimpfungen durch den Vorgesetzten zur Folge hat. Dabei zeigt so ein Schläfchen nicht etwa haltloses Sichgehenlassen an, sondern bloß den Leistungsknick, der uns gewöhnlich zwischen dreizehn und fünfzehn Uhr ereilt (Leistungshöhepunkte erleben wir dagegen meist morgens zwischen acht und zehn und nochmals am späten Nachmittag).

Welche Bewandtnis es mit dem »Büroschlaf« hat, wird deutlich, wenn wir uns wieder einmal zurückversetzen in die Zeit unseres Jäger- und Sammlerdaseins. Im Gegensatz zur heutigen streng geregelten Tätigkeit, die nicht selten Fließbandarbeit ist, mag die Nahrungssuche damals in freier Natur zwar vom Hunger diktiert, aber doch eher lustbetont gewesen sein. Nicht zufällig zahlt mancher Jagdpächter noch heute hohe Summen, um der lustvoll erlebten Jagd zu frönen. Entsprechendes gilt für das Sammeln der verschiedensten Dinge wie Pilze und Beeren, aber auch Briefmarken, Münzen und vielem mehr.

Bezeichnend ist nun, daß die Leistungsflaute am Arbeitsplatz vorzugsweise solche Menschen heimsucht, die an ihrer Tätigkeit keine oder nur wenig Freude finden, denen ihr Beruf kaum Erfolgserlebnisse beschert und denen die Anerkennung durch den Arbeitgeber versagt bleibt.

Bei den Jägern und Sammlern gab es dergleichen nicht. Sie machten Rast, wenn sie müde waren. Sie schliefen mehr oder weniger lange, bis sie sich wieder fit fühlten. Keine Stechuhr, keine geregelte Arbeitszeit zwang sie zum pünktlichen Kommen und Gehen. Kein Arbeitsvertrag spannte sie in einen immer gleich ablaufenden Arbeitsalltag ein, ohne daß Rücksicht auf ihre individuelle Leistungsfähigkeit genommen würde. War die Beute erst erlegt, führte man wahrscheinlich Freudentänze auf.

Rudolf Bilz, dem wir zahlreiche Beispiele für Verhaltens-Überbleibsel aus unserer stammesgeschichtlichen Vergangenheit verdanken, verweist beim »Büroschläfer« auf den Typ des Leistungs-Neurasthenikers. Das ist ein Mensch, der am Arbeitsplatz unter nervösen Erschöpfungserscheinungen leidet, weil sein Durchstehvermögen eher erlahmt als bei anderen. Die unvermindert stete Arbeitsleistung, die von ihm erwartet wird, die er aber nicht erbringen kann, führe zu einer Konfliktsituation.

»Die Leistungs-Neurastheniker lassen sich einspannen, aber die ununterbrochene Leistung des Ackergauls ist ihnen versagt. Wir kennen Menschen, die sich von Anfang an nicht einschirren lassen, wir kennen allerdings auch die Ackergäule. Wenn der

Neurastheniker in seinen Konflikt fällt, kommt eine Verfassung über ihn, die uns an den Pavian erinnert, der am Einschlafen gehindert wird.«

Häufig melde sich dann bei diesen Menschen eine aggressive Gereiztheit, findet Bilz, unter der auch ihre Mitarbeiter litten. Es bezeichne offenbar eine fundamentale Wahrheit, wenn es heiße, der Büroschlaf sei der gesündeste Schlaf. Da solchen Menschen der Schlaf jedoch verwehrt sei, versuchten sie, über die »Blamage« ihres Leistungsknicks anderweitig hinwegzukommen. Sie täten dies, indem sie zum Beispiel Akten herbeiholten oder wegschafften. Die neurasthenische Leistungsschwäche habe absolut nichts mit Faulheit zu tun – eine Erkenntnis, die den Betreffenden vor einer Minderung seines Selbstwertgefühls bewahren könne. Häufig seien es hochbegabte Menschen, die darunter litten – die sich freilich auch dagegen wehrten.

»Ich kenne eine ganze Reihe dieser Neurastheniker«, berichtet Bilz, »von deren vorübergehender Flaute kein Mensch etwas weiß, weder der Chef noch einer der Mitarbeiter, so qualvoll diese Zustände auch erlebt werden. Es gehört zur Lebenskunst dieser Menschen, ihre Jammer- oder Angriffsstimmung geschickt zu verbergen. Das Kind hält seine Grantigkeit nicht im Zaum, wenn ihm das Einschlafen verwehrt wird, noch weniger werden wir von einem Pavian Beherrschung erwarten, wenn er am Einschlafen gehindert wird.

Hierzu sei eine amüsante Ergänzung erlaubt. Nachdem ich vor mehreren Jahren eine Abhandlung über den »Büroschlaf« in einer Zeitschrift veröffentlicht hatte, wollte es die Redaktion genau wissen und fragte einen Juristen des Deutschen Gewerkschaftsbundes, ob er einen Kündigungsgrund darin erkennen könne, wenn ein Mitarbeiter in einem Betrieb während der Arbeitszeit gelegentlich ein Nickerchen mache. Der Jurist war damals der Meinung, dies könne wohl kein Anlaß zur Kündigung sein. Er begründete seine Meinung damit, daß ein Schlaf aus den genannten Ursachen ja nur sehr kurz und auch nicht beabsichtigt sei. Außerdem würde die Arbeitsfähigkeit nicht beeinträchtigt.

Wie man heute darüber denkt, sei dahingestellt. Die Arbeitsdisziplin hat sich gegenüber einst gewandelt und wandelt sich weiter. In vielen Betrieben versucht die »gleitende Arbeitszeit« den individuellen Leistungsskurven gerecht zu werden. Wer am frühen Nachmittag um alles in der Welt sein Schläfchen braucht, soll es sich nehmen, wenn er dafür morgens früher kommt oder abends später geht. Nur sollte es nicht soweit kommen – und dieses Zugeständnis sind wir unserer Leistungsgesellschaft wohl schuldig –, daß jener freundliche Rat vonnöten wird, den ein Betriebsboß seinen säumigen Angestellten an die Eingangstür heftete: »Wer morgens etwas später kommt, wird gebeten, scharf rechts zu gehen, damit er nicht mit jenen zusammenstößt, die sich abends schon etwas eher verabschieden...«

Zu den veränderten Arbeitsbedingungen in unserer modernen Welt tragen nicht zuletzt die vielen neu entwickelten technischen Hilfsmittel der Telekommunikation und der Umgang mit Computern bei. Im allgemeinen arbeiten wir heute in kürzeren Zeiten intensiver, um dafür längere Freizeit- und Urlaubsfreuden zu genießen. Es scheint, als näherten wir uns wieder den Gewohnheiten unserer Altvordern. Auch sie »arbeiteten« jeweils nur phasenweise intensiv, je nach Bedarf.

Man kann dies heute noch bei Gruppen von Menschenaffen beobachten, wenn wir auch weit davon entfernt sind, uns mit ihnen zu vergleichen. Gemächlich verzehren die Tiere die vorgefundenen Früchte und legen dabei, wie auch beim Bau von Baumnestern, immer wieder Ruhepausen ein. Erst wenn sie sich ausgeruht haben, ziehen sie weiter und sehen sich nach neuen Nahrungsquellen oder Schlafplätzen um. Streng geregelte Zeiten der Aktivität gibt es bei ihnen nicht, nur den Tag-Nacht-Rhythmus halten sie ein.

Das Dilemma unseres Verhaftetseins mit den Antrieben und Wertvorstellungen unserer Vorfahren erleben wir auf Schritt und Tritt. Eines der Relikte von damals ist die verbreitete Freude am Waffenbesitz und am Waffengebrauch mit der Perversion der Kriege. Sehen wir genau hin, so regt sich vor allem in den Männern als den einstigen Steinzeitjägern der Wunsch, aus nicht selten irrationalen Gründen Waffen zu besitzen. Und dies, obwohl im täglichen Leben heutzutage nur selten Waffen gebraucht werden können, sieht man einmal von der Armee, der Polizei, der Jägerei und den Schützenvereinen ab. Pistolen und Revolver, Schlagstöcke, Stiletts, exotische Dolche, Messer aller Art, Macheten, Schleudern und Speere sind beliebt und steigern offenbar das Selbstbewußtsein. Sie werden gesammelt, an die Wand gehängt oder in eigens dazu dienenden Schränken oder Vitrinen aufbewahrt. Vor den Schaufenstern der Waffengeschäfte sind es fast ausnahmslos Männer, die stehenbleiben und ihre verlangenden Blicke über die Auslagen schweifen lassen.

Der Drang, Waffen zu besitzen, ist so stark, daß der Erwerb

von Feuerwaffen in den meisten Ländern durch strenge Gesetze eingeschränkt ist und Handfeuerwaffen überhaupt nur ausnahmsweise und gegen Waffenschein verkauft werden dürfen. Kein Wunder, daß es einen florierenden schwarzen Markt im Waffenhandel gibt. In den USA allein sind schätzungsweise 100 Millionen Feuerwaffen in privatem Besitz, und es ist kein Geheimnis, daß gerade die Bewohner dieses freiheitlichsten Landes ein geradezu kultisches Verhältnis zu ihren Waffen pflegen.

Auf der Suche nach Gründen für diese Vorliebe wird gern auf die amerikanische Pionierzeit verwiesen, auf die in Romanen und Filmen glorifizierten Revolverhelden des Wilden Westens. Doch muß man wohl tiefer loten und mehr oder weniger alle Menschen als betroffen sehen. Der geschickte Umgang mit Waffen entschied in der langen Jäger- und Sammlerepoche nicht selten über Leben und Tod. Er war ausschlaggebend, wenn es galt, die notwendige tierische Nahrung für die Sippe zu beschaffen. Wer zum erfolgreichen Waffengebrauch fähig und veranlagt war, hatte die größeren Überlebenschancen und konnte seine diesbezüglichen Anlagen entsprechend erfolgreicher verbreiten. Dieses Erbe blieb uns erhalten.

Waffenbesitz, Waffensammeln, Jagd und Schützenvereine – all das erinnert an die Zeit einstigen Jägerdaseins. Aber auch das Bedürfnis nach Sicherheit, nach Schutz vor allfälliger Bedrohung ist in uns wach. So läßt sich beobachten, wie in einem Restaurant die von allen Seiten einsehbaren, insofern quasi »bedrohten« Mitteltische von den Gästen gemieden und statt dessen Eck- oder Nischen-, zumindest Wandtische bevorzugt werden. Das instinktive Bedürfnis nach Distanz und Sicherheit, nach »Rückendeckung«, nach der schützenden Höhle des Steinzeitmenschen, ist offenkundig.

Interessante Hinweise auf unsere stammesgeschichtliche Vergangenheit liefern auch die heute so modernen »Wohngemeinschaften«. Hat es nur ökonomische Gründe, daß sie so beliebt sind? Steckt vielleicht mehr dahinter, wenn sich immer wieder kleine überschaubare Gruppen beiderlei Geschlechts zusammentun, um bewußt einen Kontrast zu den etablierten Wohn- und Lebensgewohnheiten herzustellen? In dem Entschluß, in einer Wohngemeinschaft sowohl den Massenansammlungen wie auch der Vereinsamung zu entgehen, könnte letztlich auch die Sehnsucht nach den kleinen Jagd- und Sammelgesellschaften der Altsteinzeit mitschwingen, die uns über Jahrmillionen geprägt haben.

Wie sehr uns altsteinzeitliches, ja viel weiter zurückreichendes Erbe auf teils erheiternde, teils bedenkliche Weise noch immer beherrscht, lehrt der Umgang mit anderen Menschen. Wir beobachten es in der Art, wie wir uns kleiden, beim Sport und auf den Autostraßen. Überall bieten sich Gelegenheiten, sich herauszuputzen, sich vorteilhaft darzustellen, zu glänzen, sich herauszuheben aus der Masse, kurz, eine gewisse Bedeutung zu signalisieren oder durch entsprechendes Auftreten auch einen gesellschaftlichen Rang. Das Bedürfnis, eine bemerkenswerte Persönlichkeit zu sein und die dazugehörige Position einzunehmen, finden wir auch bei gesellig lebenden Tieren. Wir finden es in der Hackordnung der Hühner, bei Affen und anderen Tieren, die sich in Rudeln zusammenschließen. Es wird davon noch im fünften Kapitel die Rede sein, hier soll uns der Aspekt des »Strebens nach Bedeutung« interessieren.

Bekanntlich bietet ja unsere Gesellschaft zahlreiche Möglichkeiten, sich Rang und Namen zu verschaffen, etwa durch käuflich zu erwerbende Titel verschiedenster Art und Herkunft. Angesehen zu sein wie der Leitwolf, wie der ranghöchste Pavian in einem Rudel, das ist erstrebenswert, wenn auch nicht jedem gemäß. Während bei Tieren meist das stärkste, oft älteste Mitglied einer Gruppe den höchsten Rang einnimmt, herrschen beim Menschen gewöhnlich diejenigen mit dem größten Talent zur Führung, zum Organisieren, zur geschicken Lösung allfälliger Probleme und die mit überzeugender Redegabe und Durchsetzungskraft. Diese Eigenschaften erwiesen sich wahrscheinlich schon beim Frühmenschen als nützlich und qualifizierten zum Anführer, wenn wir hier auch das Talent zum »Reden« im heutigen Verständnis ausklammern müssen.

In den modernen arbeitsintensiven Industriegesellschaften ist das so geblieben. Allerorten trifft man auf Eitle und Karrieresüchtige, die sich bemühen, ihren Rang zu demonstrieren oder vorzutäuschen. In Wirtschaft, Politik und Wissenschaft gehört dazu der Ehrgeiz, Veranwortung zu tragen, also möglichst hochdotierte Stellungen mit entsprechender Weisungsbefugnis und Machtfülle einzunehmen, doch nicht nur dort. Aus zahlreichen Beispielen sei das Imponieren mit dem Automobil als besonders bezeichnend herausgegriffen.

Der Bezug zum stammesgeschichtlichen Erbe zeigt sich hier gleich auf zweierlei Weise. Einmal ist es das Zurschaustellen des Autos als Schmuckfeder und Rangabzeichen. Teilweise wird dem durch mehr oder weniger geistreiche Aufkleber nachgeholfen, soweit nicht schon der Nimbus der Automarke das Seine tut. Sprüche und Bildchen von Urlaubsorten zeigen, wo überall der Fahrer schon gewesen ist, welche Sinnsprüche ihm mitteilenswert erscheinen oder welche originellen sexuellen Freuden er schätzt. Unwillkürlich drängt sich der Vergleich mit dem Imponieren in prächtigen Verkleidungen und Karnevalsorden auf (eine subtile Form des Imponiergehabes ist das Entfernen der Modellbezeichnungen am Kofferraumdeckel, um damit ein besonders elitäres Rangbewußtsein zu signalisieren).

Wildheitsrelikte zeigen sich auch im Unbehagen des Autofahrers, wenn er auf der Straße überholt wird. Denken wir wieder an die einstigen Steppenjäger, so hingen bei ihnen nicht selten Leben oder Tod davon ab, ob einer schnell genug war und sich auf der Flucht nicht einholen ließ. Zu den Hauptfeinden des Frühmenschen in der Steppe zählten ziemlich sicher die Leoparden. Deren Schnelligkeit beim Verfolgen der flüchtenden Beute übertraf die der Jäger und Sammler bei weitem. Gelang es in einer solchen Situation nicht augenblicklich, einen sicheren Ort zu erreichen, in ein Gewässer zu springen oder in den Schutz der mit Lanzen und Speeren bewaffneten Horde zu fliehen, so gab es kaum ein Entrinnen. Der Verfolgte wurde eingeholt und getötet.

Nicht zufällig stehen auf Sportfesten noch heute die Lauf-Wettbewerbe besonders hoch in der Gunst der Zuschauer. Nicht von ungefähr genießen auch sieggewohnte Sprinter bei den Leichtathletik-Fans eine höhere Publizität als etwa Kugelstoßer oder Diskuswerfer. Unsere Hunde erregen sich, wenn sie bemerken, daß ein Artgenosse oder ein Fahrzeug sie beim Laufen überholt. Wer es ermöglichen kann, der fahre einmal in einem offenen Wagen mit einem undressierten, noch nicht überzüchteten Schäferhund. Das Tier wird mit großer Wahrscheinlichkeit nervös werden und bellen, wenn sich ein überholender Wagen nähert und vorüberfährt. Ähnliches geschieht auf Dorfstraßen. Fährt man da im Wagen oder auf dem Rad, tauchen oft kleine oder größere Kläffer auf, die wie außer sich neben und hinter dem schnellen Fahrzeug eine Strecke mitrennen, es zu beißen versuchen oder nach den Füßen auf den Pedalen schnappen. Ein stillstehendes Gefährt dagegen läßt sie völlig kalt.

Wir können also festhalten: Vor Hunderttausenden von Jahren kam es in freier Wildbahn darauf an, ein guter Läufer zu sein. Eingeholt zu werden, das bedeutete nicht selten den Tod.

Widerfährt uns das »Eingeholtwerden«, das »Überholtwerden« heute im Auto, so regt sich unbewußt in uns noch immer ein Gefühl des Unterlegenseins, als würden wir vom angreifenden Leoparden oder anderen schnellen Räubern verfolgt. Entsprechend wichtig ist für viele, vielleicht die meisten Autofahrer, die erreichbare Höchstgeschwindigkeit als Kriterium beim Autokauf. Man möchte schnell genug sein, um dem Überholtwerden durch zumindest die meisten anderen Wagen zu entgehen, und man »frisiert den Schlitten« dazu gegebenenfalls noch um, so fragwürdig ein solches »Flottermachen« angesichts der drangvollen Enge auf unseren Straßen heute auch erscheint.

Mit Vorbedacht stellt allerdings die Industrie von sich aus schon entsprechende Modelle her. Sie sind auf junge Leute gemünzt und weniger als bequeme Fortbewegungsmittel gedacht, als vielmehr, besonders schnell zu sein. Welche Konsequenzen das hat, sehen wir an den Unfallstatistiken. Erschreckend viele Unfälle ereignen sich als Folge unverantwortlichen Rasens und halsbrecherischen Imponierens mit den sportlichen Flitzern.

»Beim Autofahren«, schreibt Eibl-Eibesfeldt, »kommen zusätzlich Aggressivität und Anonymität ins Spiel, was das Imponierverhalten auf der Straße noch verschärft. Es ist ebenso grotesk wie verantwortungslos, wenn sich Politiker unter Hinweis auf die Mündigkeit des Bürgers noch immer weigern, Geschwindigkeitsbegrenzungen einzuführen. Die Unfallstatistiken zeigen, daß die meisten Menschen, was das Autofahren anbelangt, eben nicht mündig, sondern vielmehr erblich, sprich: stammesgeschichtlich, vorbelastet sind.«

Wie das aus der Sicht des Begründers der Unfallforschung, Professor Max Danner, aussieht, machen vier Zitate von ihm aus einem Interview deutlich. Auf die Frage, ob im Verkehr sonst unterdrückte Triebe zutage treten, antwortete er: »Autofahrer reagieren sich im Verkehr ab. Manch ein Biedermann wird in seinem Auto zu einem furchterregenden Brandstifter. Im Verkehr beschimpfen sich unbekannte Menschen wie Brüllaffen, was sie andernorts kaum täten.«

Befragt, ob das Autofahren zur Sucht werden kann, findet Danner: »Für einzelne sicherlich. Wer sich in Beruf oder Gesellschaft nicht so durchsetzen kann, wie er es gerne möchte, für den kann das Auto ein Ersatz sein.« Zu der Frage, wer die »Raser« seien: »Eine zuverlässige Zuordnung zu gesellschaftlichen Gruppen gibt es nicht. Aber soviel ist bekannt: Raser sind jünger, eher männlich und kommen oft vom Land. Aber wir beobachten auch ältere städtische Raserinnen.« Danner schließlich auf die Frage, ob sich die Autofahrer überschätzen: »Ja, jeder ist der beste Fahrer, das hat die Untersuchung eines Marktforschungsinstituts ergeben. Fünfundneunzig Prozent aller Autofahrer halten sich für überdurchschnittlich gute Fahrer. Wer soll dann die Unfälle verursachen? Das ist ein absurdes Ergebnis.«

Wer sich für einen guten, einen überdurchschnittlich guten Fahrer hält, und das tun offensichtlich nahezu alle, der braucht natürlich ein potentes Auto. Auf diese Erkenntnis zielt die Werbung der Autoindustrie. Da werden Modelle angepriesen, mit denen man »jede Situation souverän beherrscht« und »die Überholspur leerfegt«. Da kreiert man Modellbezeichnungen wie »Colt«, »Sprint«, »Jaguar« oder (knurrend zu sprechen) »Corrado«. Da wird mit PS-Zahlen kokettiert und der »Tiger in den Tank gepackt«.

Über einen japanischen Automobilmagnaten gibt es einen bezeichnenden Bericht, der in einem deutschen Sonntagsblatt erschien. Er sei dem Leser hier nicht vorenthalten. Da heißt es, der ehrenwerte Autonarr wünsche bei Besuchen seiner deutschen Filiale am Flughafen einen »Porsche 929« zu leihen. »Mit dem tobt er sich zwei Tage lang auf Autobahnen aus und ist dann bereit zu entspannten Gesprächen.«

Weiter unten im Text ergeht sich der Berichterstatter in Bewunderung über das »Flaggschiff« besagter Marke, den »Prachtkerl 928 S 4«: »Der bullige Fünf-Liter-V8-Motor leistet mit Vierventiltechnik 320 PS/235 kW. Damit ist der 928 S 4 das stärkste und schnellste serienmäßige Katalysator-Auto der Welt – in 5,9 Sekunden auf Tempo 100, Höchstgeschwindigkeit 270 Stundenkilometer. Auf dem Fahrersitz erlebt man das so: Man wird in den Sessel gedrückt, schiebt schwer die rechte Hand zum Ganghebel, um bei 6000 Umdrehungen den zweiten Gang einzulegen. Der sonst kultivierte Motor gibt dann ein aggressives Brüllen von sich, das vorübergehend zu einem dumpfen Grollen absinkt, wieder anschwillt, wenn die Drehzahlnadel sich dem roten Bereich nähert – dritter Gang: Brüllen, Grollen – vierter, dann fünfter. Langgezogene Kurven werden eng, man glaubt, mindestens zwei Fahrstreifen auf der Autobahn haben zu müssen. Langsamere Fahrzeuge fliegen einem förmlich entgegen...«

Drei Wochen später feiert das gleiche Sonntagsblatt einen Ferrari Testarossa namens »Koenig Competition« mit der

Schlagzeile »In 3,5 Sekunden auf Tempo 100« und nennt das Gefährt das schnellste zugelassene Straßenfahrzeug der Welt, das es mit seinen 800 PS Leistung in 10,5 Sekunden auf 200 Stundenkilometer bringt und eine Geschwindigkeit von 350 Stundenkilometern entfaltet.

Derlei Huldigungen appellieren unverhohlen an Raubtier-Instinkte. Und mit Erfolg. Das Raubtier in uns läßt sich wecken. Die Steinzeit läßt grüßen. »Der Mensch«, befand Friedrich Nietzsche, »ist ein verrückt gewordenes Tier.« Man kann es kaum treffender ausdrücken.

Der Mitmensch als »Sache«

Wem wäre es nicht schon aufgefallen, wie sich Menschen in der Masse verhalten, wie unter Pferchungsbedingungen das Gefühl für den Mitmenschen leidet, ja verloren geht? Aber wem würde es einfallen, auch hier ein Wildheitsrelikt zu vermuten? Worüber wir sprechen wollen, ist die Neigung, fremden Menschen erst einmal mit einer gewissen Distanz zu begegnen, auch über das zunächst vorhandene Mißtrauen gegenüber dem Unbekannten, schließlich die »Verdinglichung« des Individuums in Situationen drangvoller Enge. All dies sind Phänomene, die zugleich gepaart sind mit dem Bedürfnis nach Geborgenheit. Zunächst jedoch einige Vorbemerkungen.

Wir heutigen Menschen leben ja eigentlich ganz untypisch für unsere Art. Die längste Zeit unserer Existenz auf der Erde haben wir als Jäger und Sammler in kleinen Horden oder Sippenverbänden zugebracht. Setzt man das Alter des Menschengeschlechts mit rund drei Millionen Jahren an und geht davon aus, daß wir erst vor 10 000 bis 15 000 Jahren seßhaft geworden und vom Wildbeuter- und Sammlerdasein zur produzierenden Lebensweise übergegangen sind, so kann man einen interessanten Vergleich anstellen.

Nehmen wir an, besagte drei Millionen Jahre wären auf eine Stunde geschrumpft und der Minutenzeiger begänne zu laufen, als der Urmensch von den Bäumen stieg und die Steppe zu bevölkern begann, dann ist dieser Aufrechtgeher weit mehr als 59 Minuten seines Daseins als Jäger und Sammler tätig gewesen. Seit wenigen Sekunden erst ist er seßhaft, und nicht einmal seit einer Zehntelsekunde vermehrt er sich mit jener rasenden Geschwindigkeit, die uns heute zum Alptraum geworden ist. Seit weniger als einer Zehntelsekunde bedient er sich der bedrohlichsten Techniken und zerstört in selbstmörderischer Kurzsichtigkeit seine Umwelt. Das sind die zeitlichen Dimensionen, mit denen wir es zu tun haben.

Gemessen an heutigen Maßstäben war das altsteinzeitliche Leben hart, die Lebenserwartung dürfte kaum mehr als 25 Jahre betragen haben. Es forderte den ganzen Mann, die ganze Frau. Doch die Erde bot noch viel Platz für den Menschen. Die Männer gingen auf die Jagd, die Frauen versorgten die Kinder, sammelten Beeren und Früchte, säuberten die Wohnhöhlen und hüteten das Feuer. Man benutzte vergleichsweise primitive Holz-, Geweih- und Steinwerkzeuge und entsprechende Waffen. Der »Kampf ums Dasein« gegen Wind und Wetter, Steppenbrände, Dürre, Überschwemmungen, Raubtiere und womöglich feindliche Sippschaften, die es auf die Wohnhöhlen abgesehen hatten – dies alles beherrschte den Jahreslauf. Und diese Lebensweise änderte sich über Jahrmillionen kaum. Erst vor ein paar tausend Jahren wandelte sich das Bild. Heute bevölkern viel zu viele Menschen die Erde, und immer mehr leben innerhalb industrieller Massengesellschaften mit allen ihren Problemen.

Ein Lebewesen aber, das über Jahrmillionen durch Auslese mit Merkmalen für ein Jäger- und Sammlerdasein innerhalb kleiner Verbände »programmiert« ist, kann diese Merkmale nicht innerhalb weniger Jahrhunderte zugunsten von Eigenschaften abschütteln, die einem von Atomtechnik, Medienschwemme und Computern beherrschten Leben inmitten einer demnächst Sechs-Milliarden-Weltbevölkerung gemäßer wären. Dazu arbeitet die Evolution zu langsam. Es finden zwar nichterbliche Anpassungen statt, doch im Innern unseres Wesens ist vieles beim alten.

Wenn dem Menschen damals die Mitglieder seiner Horde vertraut waren, wenn er wußte, welche Aufgaben diesem oder jenem zufielen und wie sie sich in alltäglichen oder gefährlichen Lebenslagen verhielten, so sieht er sich heute vor allem in den rasch wachsenden Großstädten weitgehend Fremden gegenüber. Er kennt sie nicht, er weiß nicht, wo sie herkommen und hingehen und was sie vorhaben. Das alles irritiert ihn zwar nicht sonderlich, doch irgendwie fühlt er sich vereinzelt. Ein Hauch von Unsicherheit rührt ihn an, wie er sich da seinen Weg durch das Menschengewühl sucht. Etwas mehr Distanz wäre ihm lieber, aber die ist ihm versagt. So versucht er, zumindest innere Distanz zu halten.

Das Bild des Menschengewimmels in unseren Fußgängerzonen oder auf Bürgersteigen spiegelt dies anschaulich. Man blickt sich kaum an oder tut dies nur mehr oder weniger unbeteiligt und beiläufig. Man meidet den Kontakt, ja, man bekommt ihn erst gar nicht. Sucht man ihn dennoch durch Ansprechen, so wäre das zumindest ungewöhnlich, außer man fragt nach einer Straße oder dem Bahnhof. Dieses im Gegensatz zum Leben in kleinen Gruppen ganz und gar artfremde Verhalten im Gedränge belastet unbewußt auch die Psyche. Es kann krank machen und sensible Menschen auf vielerlei Weise abnorm reagieren lassen, zum Beispiel mit der »Sonntagsneurose« oder der »Einsamkeit in der Masse«.

Hinzu kommt: Die uns überkommene Neigung zu freier individueller Entfaltung wird von den massenweise anwesenden anderen Individuen gebremst und behindert. Die Devise heißt: Die eigene Freiheit und die eigenen Rechte hören da auf, wo die der anderen anfangen. Und diese Rechte der anderen fangen heute schon in der unmittelbaren eigenen Umgebung an. Mit anderen Worten: Die allgegenwärtigen Kreise anderer, die des Nachbarn, Arbeitskollegen oder Fremden, sind nicht zu stören. Die eigenen Kreise, die eigenen Entfaltungsmöglichkeiten grenzen sich mit der wachsenden »Masse Mensch« immer mehr ein. Wo sich aber individuelle Wünsche und Pläne nicht ungehindert verwirklichen lassen, wo sie oft schon im Ansatz scheitern, da kommt es zu Frustrationen, Unzufriedenheit, schlimmstenfalls zu Neurosen. Wir nähern uns, ob wir es zugeben wollen oder nicht, einer Art Ameisenstaat, in dem das einzelne Individuum kaum noch etwas bedeutet. Wir sind dabei, zu »verameisen«.

Alles, was uns die Zukunft beschert, wird im Schatten der Springflut menschlichen Lebens stehen, deren Zeugen wir heute sind. Die Zahlen, um die es geht, sind sattsam bekannt, aber man kann sie nicht eindringlich genug wiederholen. Nur wenige Jahre noch, und die menschliche Massenvermehrung hat die Sechs-Milliarden-Grenze überschritten. Tag für Tag vermehrt sich die Erdbevölkerung um mehr als 250000 Menschen (Geburten abzüglich Sterbefälle), das ist die Einwohnerzahl einer Stadt wie Saarbrücken. Wie wäre es, wenn die Fernsehsprecher allabendlich darauf hinwiesen? Etwa so: »Auch heute hat sich die Erdbevölkerung wieder um mehr als 250000 Köpfe vermehrt...«

Ob es gelingen wird, diese Lawine mit humanen Mitteln wie der Empfängnisverhütung in absehbarer Zeit aufzuhalten, dazu gibt es wenige optimistische und viele pessimistische Stimmen. Unheimlich bleibt ein Gesichtspunkt, auf den der schottische Psychiater George Carstairs hingewiesen hat. Man sollte, so warnte er, die irrationalen Kräfte nicht unterschätzen, die in einem Menschenkollektiv ausbrechen können, wenn die hergebrachten Sozialstrukturen bei ungehemmter Massenvermehrung zusammenbrechen. Das Bevölkerungsproblem wird nach Carstairs viel zu einseitig als Ernährungsproblem verstanden. Viel zu wenig werde auf die drohende Demoralisierung von

Menschen hingewiesen, die unter Pferchungsbedingungen leben müßten, und zugleich etwa noch politische Turbulenzen wie in der Gemeinschaft unabhängiger Staaten (GUS), der ehemaligen Sowjetunion, die Ordnungsgefüge brüchig machen.

In diesen Zusammenhang fällt ein bemerkenswertes Experiment, das der amerikanische Verhaltensforscher John Calhoun vom National Institute of Mental Health in Maryland (USA) mit Mäusen unternommen hat. Calhoun war der Frage nachgegangen, was auf uns zukomme, wenn um das Jahr 2010 bei einer Erdbevölkerungszahl von etwa acht Milliarden ein kritischer Wert erreicht werde, über den hinaus sich die Menschheit nicht mehr so unbekümmert vermehren könne, wie sie es seit den Tagen ihres Seßhaftwerdens getan hat.

In einem Drahtkäfig hatte Calhoun versucht, die apokalyptische Situation zu simulieren. Seine Mäuse lebten mit allem denkbaren Komfort. Für Wasser, Nahrung und Nistgelegenheiten, auch für Kletterpartien war reichlich gesorgt – nur eines fehlte: die Ellenbogenfreiheit. Rund 2600 Tiere waren gezwungen, auf einer Fläche von rund drei mal drei Metern miteinander auszukommen.

Welche Folgen das hatte, wurde sichtbar, als die Mäuse sich selbst überlassen blieben. Zunächst bildete sich eine »Hackordnung«, eine Rangfolge von starken, beherrschenden Tieren bis hinab zu schwächeren und schwächsten. Die kräftigsten Mäuse besetzten sogleich die den Wasser- und Nahrungsbehältern nächstgelegenen Nistplätze. Weniger starke gaben sich mit ungünstigeren Nestern zufrieden, den schwächsten blieb nur der offene Käfigraum.

Nach einiger Zeit zeigten alle Mäuse bemerkenswerte Verfallserscheinungen, die Calhoun als »Withdrawal-Syndrom« zusammenfaßte: »Abbau der Persönlichkeit«, könnte man vermenschlichen. Was war typisch dafür? Die rangniederen Tiere reagierten selbst dann kaum noch, wenn sie von anderen gebissen wurden. Die stärksten benahmen sich zwar friedlich und behielten ihr glattes Fell, aber auch sie wirkten bedrückt und lethargisch. Alle tranken, fraßen und schliefen, aber die Männchen kopulierten nicht mehr mit den Weibchen. Sie bauten weder an den Nestern noch kämpften sie, noch stöberten sie nach Mäuseart umher. »Sie haben aufgehört, richtige Mäuse zu sein«, kommentierte Calhoun.

Für alle Tierversuche gilt, daß der Schluß auf den Menschen fragwürdig bleibt. Aber der Hinweis von George Carstairs auf den Menschen gibt doch zu denken. Und so mögen denn Calhouns Mäuse doch ein Zeichen setzen: Wenn es nicht gelingen sollte, die menschliche Massenvermehrung rechtzeitig zu stoppen, dann wird die Natur vermutlich nicht zögern, sich des Problems auf ihre Weise anzunehmen.

Vorboten für den Streß, den großes Menschengedränge, ja auch nur die unerwünschte Nähe einzelner mit sich bringt, erleben wir schon heute. Wenn uns ein Fremder aus weniger als einem halben Meter Entfernung anspricht, weichen wir zurück. Abgesehen von dem bewußt gesuchten Körperkontakt beim Tanzen oder im Umgang mit vertrauten Menschen fühlen wir uns durch allzu große körperliche Nähe eines Fremden unangenehm berührt. Wir lassen uns nicht gern »zu nahe treten«. Das läßt sich sogar zahlenmäßig ausdrücken. Untersuchungen haben gezeigt, daß der einzuhaltende Mindestabstand von anderen Menschen von Kulturkreis zu Kulturkreis verschieden ist. Die Japaner brauchen etwa 90 Zentimeter, die Südamerikaner weniger, die Europäer mehr.

Das Bedürfnis nach körperlicher Distanz gehört damit ebenso zu den Resten unserer altsteinzeitlichen Erbausstattung wie das nach »Geborgenheit«, nach der »schützenden Höhlenwand« im Rücken. Wo beide abhanden kommen, passieren gelegentlich merkwürdige Dinge. Die Betroffenen versuchen dann, sich gegen den Entzug dieser Elementar-Ansprüche zu wehren.

Der japanische Soziologe Hidetoshi Kato aus Kyoto hat dazu aufschlußreiche Beobachtungen gemacht. Es habe den Anschein, als würden sich die Menschen in weniger dicht besiedelten Gebieten mehr füreinander interessieren, schreibt er und fährt fort:

»In dicht besiedelten Städten dagegen sind wir an anderen Menschen nicht interessiert und können es auch nicht sein. Da jeder einzelne sich noch nicht einmal den Mindestraum sichern kann, und da Stadtbewohner ständig gegenseitig ihren persönlichen Umraum verletzen, ist das einzig mögliche Ergebnis beim Individuum ein schwerer Streß, wenn er sich für andere Menschen als ›Personen‹ interessiert. Der beste und sogar einzige Ausweg aus der Streßlage ist, eine Person nicht als Person zu betrachten, sondern als ›Sache‹. Es ist für einen Menschen unerträglich, eine Person lange Zeit hindurch auf eine Entfernung von 30 Zentimetern wahrzunehmen. Das Vorhandensein einer Sache, etwa Gestein, auf dieselbe Entfernung erträgt er dagegen.

Sachen sind in Ordnung, aber nicht Menschen. Daher versuchen wir, die Menschen um uns herum zu ›verdinglichen‹.«

Kato bezieht sich auf einen Journalisten, der das Verhalten der Fahrgäste in einem überfüllten Pendlerzug beobachtet hat und herausfand, daß sie sich ausnahmslos »privat« beschäftigten:

»Sie lesen ein Taschenbuch, dösen oder starren aus dem Fenster. Wenn ein Passagier nicht nach draußen schauen kann, senkt er die Augen oder ist jedenfalls bemüht, den Blick nicht mit anderen zu kreuzen. Für das Individuum müssen die anderen eben ›Sachen‹ sein. Steinen braucht man kein menschliches Interesse entgegenzubringen. Menschen vom Lande, die in die Großstadt kommen, ›berauschen‹ sich an den Menschen, weil sie psychologische Bindungen zu anderen eingehen. Der Stadtbewohner hat ein großes Geschick, die zahllosen Menschen um sich herum als eine bloße riesige Anhäufung nichtssagender ›Sachen‹ wahrzunehmen, wie auf einem Müllplatz.«

Da dieses Beispiel wie vielleicht manch andere schon am Rande dessen liegen mag, was wir als eine von einst überkommene Verhaltensbereitschaft des Menschen deuten können, müssen wir einmal grundsätzlich fragen, ob es überhaupt zulässig ist, das Verhalten eines Menschen auf seine stammesgeschichtlichen Bezüge hin abzuklopfen.

Einer der Gründe für verbreitete Zweifel daran ist sicher der weithin anzutreffende Glaube, daß alle Menschen »gleich« seien, daß sie als gewissermaßen unbeschriebene Blätter (»Tabula rasa«) geboren würden und ihr Verhalten im Leben allein als Ergebnis von Umwelteinflüssen zu verstehen sei, als Produkt einer »Konditionierung«, wie man auch sagt. Zu einem guten Teil geht diese Auffassung sicher auf eine allzu vordergründige Auslegung der Tierversuche des russischen Physiologen Ivan Petrowitsch Pawlow zurück, der den »bedingten Reflex« entdeckte: Hunde, die ihr Futter nach einem vorausgehenden Signal erhalten, etwa dem Läuten einer Glocke, reagieren nach einiger Übung bereits auf das Glockenläuten allein mit der Absonderung von Verdauungssäften beziehungsweise Speichel.

Mittlerweile sind viele ähnliche, teils experimentell, teils im täglichen Leben erfahrbare bedingte Reflexe bekannt geworden. So wird die Bluse mancher schon einige Zeit stillender Mutter über den Brustwarzen bereits dann feucht, wenn sie ihren Säugling schreien hört, und sensible, phantasiebegabte Männer können einen Orgasmus bereits beim Anblick pornographischer Darstellungen erleben.

Pawlows Versuchsergebnisse konnten damals den Eindruck erwecken, als würden Tiere, wenn man sie nur in geeigneter Weise beeinflußt, sich jeweils so verhalten, wie der Versuchsleiter es sie gelehrt hatte oder eben die »Umweltverhältnisse« es programmierten. Den damaligen Machthabern im Kreml kam solche Sicht der Dinge nur allzu gelegen, ermöglichte sie doch jene Doktrin, wonach alle Menschen gleich und durch entsprechende Indoktrination beliebig manipulierbar seien.

Die so geweckten Hoffnungen uferten sogar dahin aus, solche »erworbenen Eigenschaften« könnten erblich sein, und es müßte demnach gelingen, ganze Bevölkerungen für politische Zwecke zu »konditionieren«. Die wenigsten erkannten damals, daß dies im Grunde eine intrigante Verdrehung jenes löblichen Grundsatzes war, wonach alle Menschen die gleichen Chancen zu ihrer Entfaltung bekommen sollten. Nach Jahren erst begriff man, daß sich menschliches wie auch tierisches Verhalten – unbeschadet des erwähnten Grundsatzes – nur im Rahmen der erblich vorgegebenen Möglichkeiten entwickelt und individuell formbar bleibt. Daß die arteigenen Muster, die im Lauf der Stammesentwicklung entstanden und in den Erbanlagen festgelegt sind, die Grenzen dafür setzen, was ein Lebewesen aus sich machen kann.

Ein dem Pawlowschen ähnliches Experiment führte in den USA John Broadus Watson durch, der Begründer des amerikanischen »Behaviorismus« (von behaviour, Verhalten). Behaviorismus ist jene Schule, die Verhaltensweisen allein auf erlernte Reaktionen auf Umwelteinflüsse zurückführen will. Watson führte der staunenden Fachwelt dazu sein berühmt gewordenes Kleinkind »Albert« vor. Von dem Jungen war bekannt, daß er regelmäßig beim Geräusch von Schlägen an eine Metallstange erschrak. Als »Albert« die furchterregenden Schläge eine Zeitlang stets hörte, nachdem man ihm verschiedene bepelzte Gegenstände gegeben hatte, reagierte er schon bald allein beim Anblick dieser Gegenstände mit Furcht. Solche Furcht vor Pelzgegenständen, wie etwa Teddybären oder lebenden Pelztieren, so behauptete Watson, könnten beim Menschen jeden Alters durch Konditionierung hervorgerufen werden, wie er es bei »Albert« gezeigt habe.

Daß auch hier allzu vereinfachend vorgegangen und entsprechend argumentiert worden ist, zeigen zwei Probleme, die bei

Watsons Schlußfolgerungen offenbar zu kurz gekommen sind. Einmal war zu fragen, wie viele Kinder sich vor Tieren aufgrund einer Versuchsanordnung ängstigen, die auch nur annähernd jener gleicht, wie sie bei »Albert« gewählt worden war. Und zweitens, was hat eigentlich die ursprüngliche Angst oder Furcht vor den Schlägen an die Metallstange hervorgerufen?

Namentlich die zweite Frage ist hier bedeutsam, denn sie bezieht sich auf das weite Feld der sogenannten angeborenen Ängste. Wie kommen sie zustande? Einen interessanten Hinweis darauf lieferten gegen Ende der vierziger Jahre Versuche des kanadischen Psychologen Donald Hebb. Er konnte zeigen, daß Schimpansenjunge extreme Furcht beim Anblick von Schlangen, Schimpansen-Totenmasken, von toten Schimpansenföten und anderen Objekten zeigen, obgleich die Tiere diese Dinge vorher nie gesehen hatten. Sie waren also auch nicht vorher zu dem Zweck, Angst zu empfinden, auf sie »konditioniert« worden. Die Angst der Schimpansen als Folge eines Lernprozesses schied also aus.

Hebb machte sich damals viele Gedanken über dieses Phänomen und schrieb eine bemerkenswerte Abhandlung, in der er eine mögliche Erklärung anbot. Wie wäre es, meinte er, wenn die Angst der jungen Schimpansen das Ergebnis von Erfahrungen mit ganz anderen Objekten ist? Das klang zwar paradox, doch sah Hebb die Sache möglicherweise richtig. Er hatte überlegt, daß die nie gesehenen, angstauslösenden Objekte für die Tiere in keines der in ihrem Gehirn gespeicherten Muster von Dingen paßten, die sie schon kannten, sondern einfach neu waren. Sollten ihre Gehirne vielleicht erblich darauf angelegt sein, fragte er, beim Anblick eines neuen, nicht in ein vorhandenes Schema passenden Objektes grundsätzlich Angst oder zumindest Mißtrauen zu empfinden?

Der niederländische Zoologe Nicolaas Tinbergen brachte zusammen mit Konrad Lorenz noch mehr heraus. Die beiden nutzten den Duck-Reflex wildlebender Vogelküken, der immer erfolgt, wenn ein Greifvogel wie etwa ein Habicht über das Nest fliegt. Die Küken ducken sich nur dann, wenn sie die gefahrkündende Silhouette des Vogels über sich gewahren. Ließen die Wisssenschaftler im Versuch eine Vogelattrappe mit langem Schwanenhals und kurzem Schwanz über dem Nest erscheinen, so blieb der Duck-Reflex aus.

Die Tatsache, daß es sich bei diesem Versuch um wildlebende Vogelküken handelte, ließ allerdings den Einwand zu, es könnte hier doch eine gewisse Erfahrung mitgespielt haben. Mit anderen Worten: Die Küken könnten in ihren ersten Lebenstagen bereits von den Alten das Ducken vor der Greifvogel-Silhouette gelernt haben. Tatsächlich duckten sich die Vogeljungen beim Anblick der schwanen- oder gänseförmigen Silhouette, wenn sie seit dem Ausschlüpfen an das angriffslos verlaufende Auftauchen einer Habichtsattrappe gewöhnt worden waren. Dies entsprach den Ergebnissen, die Hebb an Schimpansen erzielt hatte.

Offenbar existieren demnach Ängste, die – auch beim Menschen – in gewissen Lebenslagen wach werden, ohne daß eine entsprechende Situation vorher erlebt worden wäre. Und wie mit der Angst, so geht es mit anderen Gefühlen oder Verhaltensweisen, die wir teils schon erwähnt haben, teils noch beschreiben wollen. Sie stecken in uns, sie sind – wenn auch oft nur als Bereitschaft für ein bestimmtes Verhalten – gewissermaßen vorprogrammiert.

Allerdings darf diese Sicht der Dinge nicht dazu führen, als würden unsere Anlagen nun alle möglichen Entgleisungen rechtfertigen, die wir uns im Leben leisten. Denn dem, was immer da in uns zu einem bestimmten Verhalten drängt, sind wir ja mitnichten wehrlos ausgeliefert. Als einsichtige, mit einem Willen ausgestattete Wesen haben wir es in der Hand, den »inneren Stimmen« nachzugeben oder ihnen zu trotzen. Wir können das vom Trieb her sich ankündigende Verhalten bremsen oder so steuern, daß unsere Umgebung keinen Schaden nimmt. Zumindest gilt das für den gesunden Menschen.

Ein Beispiel mag deutlicher zeigen, was damit gemeint ist. Sieht man sich um, so gibt es unter uns bekanntlich die sogenannten Triebtäter. Es sind zumeist krankhaft veranlagte Männer, die ihren Sexualtrieb hemmungslos ausleben, zu seiner Befriedigung nötigenfalls Gewalt anwenden und dann kriminell werden. Solchen krankhaften Naturen wird man schwerlich dadurch beikommen, daß man ihnen bei Strafe droht, sich »zusammenzunehmen«. Sie sind krank und damit Ausnahmen, die gegebenenfalls ärztlicher Behandlung bedürfen. Andererseits ist jedem normalen Menschen ein mehr oder weniger starker Sexualtrieb in die Wiege gelegt. Trotzdem geben wir ihm nicht bei jeder sich bietenden Gelegenheit nach. Normalerweise halten wir uns im Zaum, wir können unsere Triebe beherrschen und unsere »Vita sexualis« kultivieren.

Den Behavioristen, den Milieutheoretikern, dürfte noch ein anderer Aspekt zu denken geben, auf den Eibl-Eibesfeldt aufmerksam macht:

»Wir sollten nicht übersehen, daß hinter der Lehre von der beliebigen erzieherischen Wandelbarkeit auch ein Machtanspruch jener steckt, die den Menschen nach den Vorstellungen ihrer Ideologie formen wollen. Angeborenes wäre dabei möglicherweise hinderlich, nicht, weil man es nicht erzieherisch unter Kontrolle bringen könnte, wohl aber weil unsere biologische Programmierung manchen Umerziehungsbemühungen Widerstände entgegensetzen würde. Geht man davon aus, daß es keine Vorprogrammierungen dieser Art gibt, dann braucht man darauf auch keine Rücksicht zu nehmen. Das führt allerdings leicht zu unnötig repressiven Sozialtechniken und Erziehungspraktiken. Geht man ferner davon aus, daß dem Menschen keinerlei Vorwissen um Gut und Böse angeboren sei, dann delegiert man die Normensetzung allein an die Ideologen. Das führt zu einem kulturellen Relativismus, der nicht ganz unproblematisch ist. Denn schließlich könnte das, was eine Ideologie für sich als richtig und damit als gut definiert, für eine andere schädlich, ja tödlich sein. Man denke nur an die elitäre Überheblichkeit des Nationalsozialismus.«

Warum die Jugend aufbegehrt

Am Sonnabend, den 27. August 1988, kam es im unterfränkischen Schweinfurt am Vorabend eines Rock-Konzertes zu Ausschreitungen Jugendlicher, die »alles bisher Dagewesene« übertrafen. Den Anlaß für die stundenlangen Krawalle bot das Auftreten der »Monsters-of-Rock«-Bands ›Kiss‹ und ›Iron Maiden‹ auf den Mainwiesen unter freiem Himmel. Schon bevor die Show begann, lieferten sich schätzungsweise 2500 teils schwer betrunkene Fans mit der Polizei blutige Straßenschlachten. Sie »verwüsteten«, wie es in einem Bericht hieß, »die Innenstadt und das Festivalgelände«. Fast 80 Personen wurden erheblich verletzt, einen amerikanischen Soldaten traf ein Messerstich in die Brust. Der hinterlassene Unrat auf dem Festgelände spottete jeder Beschreibung.
  Das rund 1000 Mann zählende Polizeiaufgebot verhaftete in rund 300 Einsätzen 35 Gewalttäter und stellte Totschläger, Springmesser, Diebesgut und NS-Embleme sicher. Die Feuerwehr mußte mehr als ein Dutzend mutwillig gelegter Brände löschen. Sanitäter leisteten 270 mal Erste Hilfe, 30 Volltrunkene kamen zur Ausnüchterung in ein Krankenhaus. Zertrümmerte Schaufensterscheiben, demolierte Autos, umgerissene Straßenschilder und Zäune (die Kehrwagen brauchten Polizeischutz), zahlreiche Verletzte und ein ohrenbetäubender Krach, vermischt mit den Klängen der »Heavy Metal Music« bescherten dem 50 000 Einwohner zählenden Schweinfurt ein zweitägiges Horror-Happening, wie es die Stadt noch nicht erlebt hatte.
  Wer freilich glaubte, das Schweinfurter Spektakel werde in der Geschichte ausartender Massenkrawalle für lange Zeit eine Art traurigen Rekord halten, sah sich schon im Frühjahr des folgenden Jahres in Berlin eines anderen belehrt.
  Im Anschluß an eine Feier zum 1. Mai zogen Angehörige des links-alternativen politischen Spektrums nach einer Abschlußkundgebung wie die Vandalen durch die Straßen von Neukölln und Kreuzberg. Die Zerstörungswut der meist jugendlichen Beteiligten kannte keine Grenzen, und daß der Exzeß mehr als 300 verletzte Polizisten und Sachschäden in Millionenhöhe forderte, ließ sich da nur als pauschales Fazit verstehen. Der »Ausbruch eines blindwütigen Hasses gegen den

Staat« (so der Berliner Bürgermeister Momper) gipfelte in Einzelaktionen, die teilweise jeder Beschreibung spotteten.

»Schwarze Rauchschwaden verdunkelten den Himmel...«, schreibt der Reporter der ›Frankfurter Allgemeinen Zeitung‹, Ralf Georg Reuth. »Sie steigen von Autos auf, die an vielen Stellen im Kreuzberger Quartier brennen. Die Straßen sind übersät mit zerbrochenem Glas, herausgebrochenen Pflastersteinen, Bierdosen und anderem Unrat. Einsatzfahrzeuge der Polizei, Notarztwagen und Löschzüge der Feuerwehr versuchen sich ihren Weg zu bahnen, vorbei an geplünderten Geschäften und Barrikaden, umgeworfenen Bauwagen, hin zu den rasch wechselnden Brennpunkten des Terrors.«

Extreme Ausmaße erreichte die Auflehnung gegen ein herrschendes System auch im Sommer 1989 mit der Studentenrevolte in China. Viele Tausend vorwiegend junger Chinesen hatten unter weltweiter Anteilnahme in Peking den »Platz des Himmlischen Friedens« besetzt, um für mehr Demokratie in ihrem Lande zu demonstrieren. Den Aufstand gegen das Regime schlug die politische Führung schließlich auf unvorstellbar brutale Weise nieder. Hunderte, wenn nicht Tausende starben unter Gewehrsalven oder wurden von Panzern niedergewalzt. Wir kommen später darauf zurück.

Erregend hautnah erlebten wir die Protestbewegung gegen sozialistische Heilslehren im Frühherbst 1989 in der ehemaligen Deutschen Demokratischen Republik. Zehntausende enttäuschter Flüchtlinge kehrten der DDR den Rücken, um in der Bundesrepublik ein neues Leben zu beginnen, nachdem sich ihnen durch die Öffnung der Grenzen Ungarns nach Österreich die Möglichkeit dazu geboten hatte. Unter den Zurückgebliebenen aber schaffften viele eine explosive Stimmung, als sie im vierzigsten Jahr der DDR-Gründung zu Demonstrationen gegen die reformunwillige Regierung und die unerträglich gewordenen politischen und wirtschaftlichen Zustände im Lande auf die Straßen gingen. Abgeschirmt von der Kirche, die eine Art Schutzmantelfunktion übernahm, protestierten vor allem Bewohner Ostberlins, Leipzigs und Dresdens gegen die Sozialistische Einheitspartei SED und die verknöcherte Regierungsclique (die »Betonköpfe«), die mit ihrer starrsinnigen und ruinösen Politik das Vertrauen der Bevölkerung verspielt hatten und schließlich unter dem Druck der Ereignisse das Feld räumen mußten.

Dabei erwies sich als doppelt gefährlicher Zündstoff, daß jene vor allem jungen Systemveränderer dank der westlichen Medien nicht nur die demokratischen Verhältnisse in der Bundesrepublik mit ihren Möglichkeiten der Selbstverwirklichung täglich vor Augen sahen, sondern aus Dokumentarfilmen auch den Hitlerterror und sein Spitzelunwesen noch kannten, die man seit 1945 überwunden glaubte.

Zieht man ein Fazit, so gehören landesweite Ausschreitungen ähnlicher Art zu den eher seltenen Vorkommnissen. Häufiger sind zwar blutige, aber doch begrenzte Auseinandersetzungen. Gewalttätigkeiten wie in der Hamburger Hafenstraße, Polizeieinsätze gegen Hausbesetzer, Polit-Demos und Krawalle von Fußball-Rowdies vor und nach spektakulären Spielen sind dagegen an der Tagesordnung. Immer aber sind es hauptsächlich Jugendliche, Schüler, junge Angestellte, Arbeiter und Studenten, die das Gros der Akteure stellen. Die Anlässe sind verschieden, meist jedoch sind es Gelegenheiten, über die Rundfunk, Presse und Fernsehen ausführlich berichten, so daß jeweils auch die Öffentlichkeit von den Vorgängen informiert wird.

Allerdings muß man in diese Betrachtungen auch Phänomene ganz anderer Art einbeziehen. Erwähnt sei das halsbrecherische Rasen meist jugendlicher Auto- und Motorradfahrer in geschlossenen Ortschaften auf lautstarken Fahrzeugen, die bewußt provozierenden Haartrachten und Kleider der »Punker«, die kahlgeschorenen Schädel der »Skinheads« und ähnliches.

Wir wollen hier danach fragen, ob das, was dem »Rest« der Bevölkerung da vorgeführt wird und manch älteren Bürger gegen »die Jugend« aufbringt, während es die Jüngeren oft mit unverhohlener Begeisterung verfolgen, ob dies alles nur als Mißbrauch demokratischer Freiheiten zu werten ist oder mehr dahintersteckt. Wir wollen untersuchen, ob es zum Beispiel einen erbbiologischen Zwang für solches Verhalten gibt, eine Art Gesetzmäßigkeit, der die Jüngeren unterliegen, die von den Erwachsenen so gern mit Vorwürfen kritisiert werden wie diesem: »Sollen die Lümmel doch erstmal was leisten, bevor sie mit solchem Imponiergehabe ihre Komplexe abreagieren!«

Festzuhalten ist: Die Unruhe unter der Jugend ist keine Erscheinung der Gegenwart. Ärger etwa mit Schülern hat es immer gegeben, die Lehrer wußten und wissen ein Lied davon zu singen. Wo ihre Autorität nicht reichte, da griffen sie auch schon einmal zum Mittel der körperlichen Züchtigung, etwa zum Rohrstock, wie es Wilhelm Busch humorvoll am ›Lehrer Bokelmann‹ anschaulich machte. Bokelmann versetzte seinen widerspenstigen Zöglingen zur Disziplinierung eine Tracht Prügel und fragte sie dann: »Nun, liebe Knaben, sind wir uns einig?« (»Jawohl, Herr Bokelmann, riefen sie schleunig.«)

Strenge Zucht kann manchmal hilfreich sein, um ein Erziehungsziel zu erreichen. Und doch ist die Zuchtrute nur ein klägliches Mittel zur Unterdrückung, ihre Benutzung ein untauglicher Versuch zur Persönlichkeitsbildung. Auch dies wußte schon Wilhelm Busch, als er aufschrieb: »Dies ist Debisch sein Prinzip: Oberflächlich ist der Hieb. Nur des Geistes Kraft allein schneidet in die Seele ein.«

Aus der Sicht moderner Verhaltensforscher ist das, was im Aufbegehren, in der Unruhe der Jugend sich kundtut, nicht bösartiges Ungezogensein, nicht ein Über-die-Stränge-Schlagen übermütiger Halbstarker, sondern eher ein Ausdruck stürmischen Neuerungsstrebens, eines Dranges zur Veränderung, der seine Wurzeln in unserer stammesgeschichtlichen Vergangenheit hat.

Mit anderen Worten: Es ist ein Erbe, das uns von unseren zoologischen Ahnen her im Blut steckt.

In seinem Buch ›Die Rückseite des Spiegels‹ macht Konrad Lorenz darauf aufmerksam, daß das Aufbegehren der Jugend bezeichnenderweise nicht nur beim Menschen, sondern auch unter Tieren anzutreffen ist. Bei den Wölfen wendet sich der heranwachsende Rüde, wenn er körperlich gekräftigt ist, unvermittelt gegen den bis dahin das Rudel beherrschenden Leitwolf, um ihm den Rang streitig zu machen. Und das geschieht gewöhnlich mit einer urplötzlich aufbrechenden Heftigkeit.

Dieser Übernahme der Führungsrolle gehen meist bestimmte Rituale voraus. Der ranghöchste Wolf, das Alphatier im Rudel, benimmt sich, solange er noch im Vollbesitz seiner Kräfte ist, den übrigen Wölfen gegenüber als souveräner Machthaber. Sein sicherer Blick, sein furchtloses Wesen, die Art, wie er seinen Schweif hält – all das drückt Überlegenheit aus. Tieferrangige Wölfe wirken ihm gegenüber unterwürfig, sie lassen ihm den »Vorrang« beim Fressen und Bespringen der Wölfinnen. Vor allem halten sie seinem Blick nicht stand. Sie können dem Ranghöheren nicht oder nur ganz kurz und unsicher in die Augen blicken. So beobachtete der Verhaltensforscher Rudolf Schenkel:

»Jede beharrliche, eindringliche Kontrolle, besonders Blickkontrolle, ruft bei rangtiefen Wölfen Gehemmtheit hervor... Bei Ranghohen bilden Haarsträuben und sehr variable Laute die Begleitung der Gebärden. Beides kommt bei Rangtiefen sozusagen nie vor, wohl aber ein kurzer, schriller Schmerz- oder Angstlaut, wenn sie einem überlegenen Angreifer, der sie plötzlich überfällt, keine Gegenwehr zu leisten wagen.« Hier werden die Rangunterschiede deutlich.

Treten sich dagegen etwa gleichrangige Wölfe gegenüber, so ist keine Demutshaltung zu erkennen. Sie sehen sich an, keiner von beiden weicht zurück, es kommt zu Zähnefletschen und Knurren. Entweder gehen die Rivalen dann auseinander, ohne daß einer als Sieger oder Besiegter zurückbleibt, oder der junge aufbegehrende Wolf, der dem Alphatier den Rang streitig machen will, ist stark und selbstbewußt genug, seine Kraft zu erproben und es auf einen Kampf ankommen zu lassen.

Ähnliches finden wir in der menschlichen Gesellschaft. Es ist ja bekannt, daß es auch unter Menschen starke und schwache Naturen gibt. Die einen treten selbstbewußt auf, die anderen wirken gehemmt, gedrückt, sind leicht in Verlegenheit zu bringen und dergleichen. Trifft ein gehemmter Typ auf einen selbstsicheren, so stuft er diesen unbewußt sogleich als ranghöher ein. Er begegnet ihm mit Respekt, und das äußert sich im typischen Fall nicht nur in einem servilen, unterwürfigen, beflissenen Wesen, sondern auch darin, daß er den festen Blick des Ranghöheren nicht aushält.

Rangrivalitäten und soziale Rangordnungen kann man schon bei Kindern beobachten, beispielsweise in Kindergärten. Wie sich dabei der Rang eines Kindes in seinem Verhalten ausdrückt, hat Barbara Hold, Mitarbeiterin der Forschungsstelle für Humanethologie am Max-Planck-Institut für Verhaltensphysiologie in Seewiesen bei Starnberg, untersucht. Sie beobachtete dazu Spielgruppen in fünf Kindergärten unterschiedlicher Erziehungsstile, davon drei in Deutschland und zwei in Japan. In allen Fällen ließen sich an den Kindern die gleichen, jeweils rangspezifischen Verhaltensmuster feststellen.

Um dieses »Rollenspiel« aufzudecken, mußte zunächst die Rangfolge innerhalb der einzelnen Gruppen ermittelt werden. »Hier lag ein methodisches Problem«, erklärte Frau Hold, »denn Rangordnungen lassen sich nach verschiedenen Gesichtspunkten aufstellen. So kann man etwa von der Aggressivität ausgehen und aus der Häufigkeit und Richtung aggressiver Handlungen eine Art Hackordnung ableiten. Man kann aber ebenso die Beliebtheit eines Kindes oder seine Fähigkeit, anderen den eigenen Willen aufzuzwingen, als Rang-Maßstab heranziehen. Jedes dieser Kriterien liefert indessen eine andere Hierarchie – und es kann in einer Gruppe das aggressivste, in einer weiteren aber das beliebteste Kind den höchsten Rang einnehmen...

Folglich galt es, ein möglichst kindgerechtes, aber zugleich universelles Rangkriterium zu finden, das sich auf jede der Gruppen – unabhängig vom jeweiligen ›Führungsstil‹ ihres Ranghöchsten – anwenden ließ. Dafür bot sich das sogenannte Aufmerksamkeits-Kriterium an. Danach sind jene Kinder als ranghoch einzustufen, die häufig im Mittelpunkt des Interesses stehen. Als rangtief gelten dagegen die Kinder, die nur selten von den anderen beachtet werden. Nach dreiwöchiger Beobachtungszeit ließ sich die Rangfolge der Gruppenmitglieder erkennen: Ranghoch war, wer oft im Blickfeld gestanden, rangtief, wer nur selten die Aufmerksamkeit auf sich gezogen hatte. In jeder Gruppe stand einer relativ kleinen Zahl von ranghohen Kindern eine Mehrheit rangmittlerer und rangtiefer gegenüber. Anders ausgedrückt: Nur wenige Kinder fanden viel, aber viele nur wenig Aufmerksamkeit.«

Überraschend ist, daß die ranghöchsten Kinder nicht unbedingt die aggressivsten sind. Vielmehr stehen an oberster Stelle der Hierarchie fast ausnahmslos Kinder, die häufig als Initiatoren und Organisatoren auftreten. Man könnte sie »Manager« nennen. Sie zeichnen sich durch Unternehmungsgeist und Einfallsreichtum aus. Sie verstehen es, ihre Ideen in die Tat umzusetzen, indem sie Spiele anregen und auch organisieren, also den andern die Rollen zuweisen. Typisch für die kleinen Manager sind Verhaltensweisen wie Auffordern, Verbieten, Erlauben oder Belehren. Ihnen wird viel gezeigt, sie erhalten Geschenke und werden oft um Rat gefragt. Selbst dann, wenn sie für sich allein spielen, zu basteln oder zu malen beginnen, werden sie von den anderen Kindern häufig imitiert, oft auch geradezu umworben.

Erst nach diesen »Führernaturen« folgt der Aggressor in der Rangliste. Er droht, er vertreibt, schlägt oder stößt die anderen, nimmt ihnen Spielsachen weg oder zerstört sie. Meist richten sich solche Tätlichkeiten gegen rangtiefere Kinder, die dann ausweichen. Dagegen stellen sich ranghöhere fast immer der Herausforderung – auch wenn sie körperlich unterlegen sind. Sie ersetzen mangelnde Stärke durch mutiges, selbstbewußtes Auftreten und entscheiden so die Situation oftmals für sich.

Demgegenüber halten sich rangtiefe Kinder meist an bevorzugten Plätzen auf – oft nahe einer Wand, wo sie den anderen nicht im Wege stehen. Sie sind kontaktscheu, meiden Gruppenaktivitäten und spielen meist nur mit ganz bestimmten Kindern oder mit der Kindergärtnerin.

Zumindest im Durchschnitt hängt der Rang eines Kindes von seinem Alter und seiner Kindergarten-Erfahrung ab. Meist sind die »alten Hasen« die Ranghöchsten. Daneben gibt es auch geschlechtsspezifische Unterschiede. So tragen Jungen öfter als Mädchen Rangkämpfe aus – in Form von Ringkämpfen. Zwar sind auch Mädchen aggressiv, doch werden sie nur selten handgreiflich. Sie halten mehr auf Abstand und fechten Streitigkeiten verbal aus.

Barbara Hold wertet Rangordnungen als Ausdruck einer angeborenen Verhaltensdisposition, wie sie sich ähnlich auch bei höheren, sozial lebenden Tierarten nachweisen läßt. Deshalb bilden sich Rangordnungen, sofern sie nicht künstlich unterdrückt werden, schon in Kindergruppen automatisch aus – und sind in diesem Sinn echt menschlich.

Die Jahre der Kindheit dienen freilich nicht nur dem Einordnen und dem Sichmessen, sie dienen auch dem Lernen, dem Sichzurechtfinden in der Welt und dem Erwerb eines kritischen Urteils über die Gesellschaft der Erwachsenen. Ebenso wie die Kindheit hat auch der darauf folgende Entwicklungsabschnitt, die Pubertät, seine Aufgabe. Der junge Mann, das junge Mädchen beginnen, zu sich selbst zu finden und legen dazu den Maßstab ihrer zuvor gewonnenen Erfahrungen an die Erwachsenenwelt an. So ist es ganz natürlich, wenn die Jugendlichen viele bisherige Werte der elterlichen Kultur und Lebensart fragwürdig finden und sich nach neuen Ufern umsehen.

Zu dieser Zeit der Entwicklung erscheint dem jungen Mann und dem jungen Mädchen vieles, was ihnen das Elternhaus zu bieten hat, als uninteressant, veraltet, »blöd«, »reaktionär« oder fade, und je strenger die Erziehung zu Hause war, je diktatorischer etwa der Vater auftrat, um so heftiger ist der Widerspruch. Ob es einer sachlichen Kritik standhält oder nicht: Das Fremde, Unbekannte, das Andersartige hat für den Jugendlichen plötzlich viel stärkeren Reiz als das bisher Erfahrene. Oft überkommt ihn dann ein unwiderstehliches Bedürfnis, dem überdrüssig gewordenen Elternhaus zu entfliehen, um in einer freilich noch nebelhaften neuen Umgebung eigene Erkenntnisse zu gewinnen.

Älter geworden und zurückblickend wird sich nahezu jeder

Erwachsene an solche Zeiten im Leben erinnern – mit allen ihren Höhen und Tiefen. Ein sehr persönliches Bekenntnis dazu legte einmal Bundeskanzler Helmut Kohl ab, als er von Schülern des Rhein-Wied-Gymnasiums in Neuwied in einem Interview nach seiner Jugendzeit gefragt wurde: »Ich bin mit 18 Jahren der Schrecken meiner Partei in Rheinland-Pfalz gewesen«, bekannte er.

Die Abweichler, die Außenseiter, die Randalierer, wenn man so will, verhalten sich also völlig normal. Ihre ungewöhnlichen Frisuren, die zerfetzten Jeans, ihr manchmal verwahrlostes Äußeres sind Ausdruck des Protestes gegen die etablierten Alten, ihr Umherziehen in Gruppen, ihr »Terrormachen« letztlich ein Auf-der Suche-Sein nach Neuem. Alles, was im Gegensatz zum gewohnten Einerlei der häuslichen Umgebung, der Schule oder Arbeitsstelle steht, wird jetzt gierig aufgenommen, bekommt magische Anziehungskraft. Wachsender Mut und Angriffslust paaren sich mit Fernweh, und nicht selten kommt es vor, daß ein Jugendlicher dann mit Gesetz und Ordnung in Konflikt gerät oder bei einer zweifelhaften Sekte landet.

Mit dem Ende der Pubertät klingt die Unruheperiode gewöhnlich ab. Zahlreiche junge Leute versuchen jetzt ihr Glück mit einem kleinen Gewerbe, sie machen »Bioläden« auf oder reisen mit mehr oder weniger antiken Gegenständen von Flohmarkt zu Flohmarkt. Andere probieren es mit dem Verkauf von selbstgebasteltem Schmuck aus Draht und Metall oder mit Malereien und ziehen damit im Sommer durchs Land. Hier und da breiten sie ihre Armbänder, Ringe, Gürtel und Gemälde auf dem Straßenpflaster aus, oder sie machen Straßenmusik und verdienen dabei oft gar nicht schlecht.

Aber sie werden auch älter. Und nicht wenige finden schließlich Geschmack daran, aus dem Gammelgeschäft einen ordentlichen Beruf zu machen. So werden sie »seßhaft« und zu dem, was sie einst bespöttelt oder bekämpft haben: zu etablierten Bürgern, die nun ihrerseits den Jüngeren mißtrauische Blicke zuwerfen.

So einleuchtend es aber sein mag, die Sturm- und Drangperiode der Jugendlichen als Lebensabschnitt mit einer bestimmten, etwa gesellschaftspolitischen Aufgabe zu verstehen – es fehlt noch der tiefere Sinn. Auf den aber weist Konrad Lorenz hin, wenn er schreibt: »Ich stelle die Hypothese auf, daß die geschilderten Vorgänge in ihrem gesetzmäßigen zeitlichen Zusammenhang stammesgeschichtlich programmiert sind und daß ihre kultur- und arterhaltende Leistung darin liegt, durch Abbauen veralteter und Anbauen neuer Elemente des traditionellen Verhaltens laufend die Anpassung der Kultur an die ständig im Fluß befindlichen Gegebenheiten der Umwelt zu bewirken.«

Um dies zu verstehen, müssen wir auf das anfangs Gesagte zurückkommen und davon ausgehen, daß menschliches Verhalten immer das Ergebnis zweier, ja sogar dreier Faktoren ist: Erstens dem, was wir ererbt haben, zweitens dem, was die Umwelt aus uns im Rahmen dieser Anlagen gemacht hat. Anders gesagt: Das Tun und Lassen eines Menschen ist zunächst einmal davon abhängig, mit welchen Erbanlagen er geboren ist. Hinzu kommt, was Erziehung, Tradition und Ausbildung im Laufe der Zeit aus eben diesen Anlagen gemacht haben. Und schließlich ist wichtig, in welche aktuellen Situationen ein Mensch jeweils gerät, wo sich also bewähren kann, was in ihm steckt.

Es gilt aber auch dies: Vom Tier unterscheidet sich der Mensch unter anderem dadurch, daß er auf der Erde keine »ökologische Nische« vorfand, in die er sich ohne viel Zutun hätte integrieren können. Er mußte sich seine Umwelt selber gestalten. Als ein Wesen, das von Natur aus keine besonderen Organe oder Eigenschaften mitbrachte, die es von vornherein an einen bestimmten Lebensraum banden wie etwa die Fische an das Wasser oder die Eisbären an die Polargebiete, war der Mensch darauf angewiesen, sich seine Umgebung nach seinen Bedürfnissen einzurichten, und dabei half ihm sein in der Frühzeit seines Geschlechts stürmisch sich entwickelndes Großhirn. Er hüllte sich in warme Kleider, errichtete Hütten und Häuser, baute Nahrungspflanzen an, nützte Wind, Wasser, Kohle, Erdöl und die Kernenergie, baute Fahrzeuge, Straßen, Industrieanlagen, Schiffe, Flugzeuge und Raketen. So eroberte er sich nahezu alle Klimazonen der Erde. Und je mehr der Mensch für sein Wohlbefinden erfand, um so rascher vermehrte er sich, und um so schneller veränderten sich auch die gesellschaftlichen Bedingungen, unter denen er jeweils lebte. Der Fortschritt hat es immer eiliger.

Wenn es nun aber immer rascher zu Veränderungen kommt: Wie sollte sich eine hochzivilisierte Menschengesellschaft ihren Fortschritten anpassen, wenn sie dafür nicht immer wieder neue Anstöße erhielte? Und da die älteren Jahrgänge nun einmal dazu neigen, alles möglichst so zu lassen, wie es ist, fällt die Aufgabe, »heilsame Unruhe« zu verbreiten, der tatendurstigen Jugend zu.

Das Entscheidende an dieser gesellschaftspolitischen Rolle der Jugend wäre also der ererbte Anreiz dafür. Und daß uns vieles von unseren zoologischen Ahnen noch in den Adern steckt, ist ja angesichts der biologischen Erkenntnisse weder ein Geheimnis noch ein Wunder. Hinweise darauf gibt auch der Verhaltensforscher Irenäus Eibl-Eibesfeldt in seinem Buch ›Der Mensch – das riskierte Wesen‹. Eibl bezweifelt entschieden die unter Pädagogen noch weit verbreitete Auffassung, daß menschliches Verhalten überwiegend erlernt sei. Vielmehr spiele das Ererbte eine nicht zu unterschätzende Rolle insofern, als wir in bestimmten Verhaltensbereichen stammesgeschichtlich »vorprogrammiert« seien. Würde sich der Säugling nicht unbewußt an allem Erreichbaren festklammern, wenn er zu fallen droht, und wüßte er nicht – ohne es erst lernen zu müssen –, wie man an der Mutterbrust saugt, so würde es sicher schon bald keine Menschen mehr auf der Erde geben.

Das ist bei höheren Tieren nicht anders.

Auf Expeditionen in die afrikanischen und südamerikanischen Urwälder hat Eibl-Eibesfeldt die dort lebenden Ureinwohner mit einer unauffälligen Spiegelkamera beobachtet und teils verblüffende Beispiele für weitere Vorprogrammiertheiten gefunden. Für die Art, wie diese Menschen einander begegnen oder grüßen, wie sie ihrer Wut, Zuneigung oder Verlegenheit Ausdruck verleihen, lassen sich teilweise überraschende Ähnlichkeiten mit den Menschenaffen entdecken.

Doch zurück zur Rolle der Jugend als »Hefe der Gesellschaft«. Wenn es stimmt, daß ihre Unruhe, ihr Aufbegehren in einem bestimmten Lebensabschnitt biologisch vorprogrammiert ist, und wenn ihr Neuerungsstreben bewirkt, daß die Kultur und die Menschen unter rasch sich ändernden Umweltverhältnissen überleben können, so klingt dies wie ein von der Wissenschaft erteilter Segen für Massenkrawalle, Systemveränderung und blutige Ausschreitungen auf unseren Straßen.

Das trifft jedoch nicht zu, denn gewaltsame und rasche Veränderungen bestehender Verhältnisse sind der Menschheit noch nie gut bekommen. Wir kennen dafür Beispiele in der älteren, aber auch der jüngeren Geschichte, und wir brauchen dazu nicht einmal die Politik zu bemühen. Denken wir nur an den beängstigend raschen technischen Fortschritt, der immer weniger geistig bewältigt werden kann. Während durch die Technik bedingte Veränderungen früher allmählich, im Laufe von Generationen vor sich gingen und die Menschen Zeit hatten, sich mit den neuen Gegebenheiten vertraut zu machen, so führen technische Neuerungen in unserer Zeit schon innerhalb weniger Jahre zu neuen und oft bedrohlichen Situationen, die weder vorausgeahnt noch beherrscht werden können. Erwähnt seien das Waldsterben, die Luftverpestung, das »Ozonloch«, die Meeresverschmutzung, Algenpest und Artensterben, die Zerstörung der Urwälder mit ihren Folgen für das Weltklima und die Belastung der Böden und Grundwasservorkommen mit Schwermetallen und Nitraten mit Folgen für das Trinkwasser – von der Bevölkerungsexplosion zu schweigen. Zu erwähnen sind die Fortschritte in der Gentechnologie, der Elektronik und der Chemie. Bedrohlich ist – und das wird von vielen nicht bemerkt, weil sie lieber in den Tag leben und die aktuellen Möglichkeiten nutzen, statt aus langfristigen Entwicklungen zu lernen –, bedrohlich ist, daß der sogenannte Fortschritt sich zunehmend beschleunigt.

Der Amerikaner Alvin Toffler hat darauf hingewiesen, daß dieser Beschleunigungsvorgang zu einer völligen Desorientierung der Menschen führen kann, weil die Maßstäbe, an denen wir uns in der Jugend zu orientieren begonnen haben, immer rascher fragwürdig werden und fortwährend neuen Maßstäben weichen müßten. In immer kürzeren Abständen erleben wir vor allem in den Bereichen der Elektronik und der Gentechnologie tiefgreifende Veränderungen, und doch sollen wir diese Veränderungen verarbeiten und uns immer neu an sie anpassen, was unter anderem mit einer zunehmenden Zahl seelischer Erkrankungen bezahlt werden muß.

Wenn wir also nicht wollen, daß uns diese Entwicklung überrollt, dann müssen wir dafür sorgen, daß sie unter Kontrolle bleibt. Weder die Natur noch die Menschen lassen sich von heute auf morgen umkrempeln, es sei denn, wir verstünden uns nur noch als Gegenwartswesen, die heute dies und morgen jenes für gut halten. Aber damit würden wir letztendlich das aufgeben, was uns vom Tier unterscheidet: Tradition und kulturelles Erbe, ja unser Menschsein schlechthin.

In diesem Zusammenhang muß zwangsläufig auch die »Unruhe der Jugend« gesehen werden. Was die allzu Stürmischen unter den jungen Systemveränderern übersehen, ist, daß Fortschritt nur möglich ist, wenn zugleich das früher Erreichte, soweit es sich bewährt hat, erhalten bleibt und nicht in fanatischem Eifer immer wieder in Frage gestellt, ja zerstört wird. Reformen sind gut, wenn sie wirklich etwas Besseres an die Stelle des Alten setzen, aber sie sind schlecht, wenn sie überstürzt, aus bloßer Veränderungswut erzwungen werden und das Bewährte dabei unter die Räder kommt.

Man kann sogar noch weiter gehen und aus der Sicht der Verhaltensforschung sagen: Der Eindruck des Tierhaften, des Unbeherrschten der Akteure drängt sich auf, wenn man die Ausschreitungen während mancher Veranstaltungen verfolgt. Wo Menschen »im Rudel jagen«, wo der einzelne sich des Schutzes der Horde gewiß ist und stark fühlt, da ist es mit der Selbstkontrolle meist vorbei. Dann bricht Untermenschliches durch in einer Welt, die zwar voller Mängel ist, aber schwerlich durch den Rückfall in tierhaftes Gebaren menschlicher gemacht werden kann. Das ist die Crux, mit der wir leben.

Der Außenseiter hat es schwer

Wenn ein kleines Kind mit seinen Eltern eine Bergwanderung macht und plötzlich vor einem Steilabfall steht, bekommt es Angst vor dem Abgrund. Seine Angst stellt sich unvermittelt ein, unwillkürlich weicht der kleine Erdenbürger zurück. Warum eigentlich? Das Kind hat noch nie eine solche Wanderung gemacht, es wohnt mit seinen Eltern auf dem flachen Land. Es ist auch noch nie irgendwo heruntergefallen, so daß es Erfahrungen mit dem Stürzen hätte. Und doch macht ihm die gähnende Tiefe Angst. Es hält sich am Hosenbein des Vaters oder am Rock der Mutter fest.

Szenenwechsel – ein Experiment mit Säuglingen: Die beiden amerikanischen Verhaltensforscher W. Bell und F. Tronick setzten zwei Wochen alte Kinder auf Stühlchen und stützten sie ab, so daß sie aufrecht saßen. Dann schoben sie eine Kiste von vorn auf sie zu. Die Säuglinge reagierten, als würden sie von der Kiste bedroht. Abwehrend hoben sie die Ärmchen, ihr Lidschlag beschleunigte sich. Gleiches geschah, als man vor ihnen auf einer Leinwand dunkle, rasch sich vergrößernde Flecken projizierte. Alles sprach dafür, daß die Säuglinge einen Zusammenstoß befürchteten, obgleich sie derartiges noch nie erlebt hatten.

Solche zunächst schwer erklärlichen Beobachtungen werden verständlich, wenn man angeborene Gefühlsregungen annimmt, die sich in bestimmten Situationen sozusagen automatisch einstellen. Wären sie nicht schon in unserer Erbausstattung vorprogrammiert, könnte dies unter Umständen tödliche Folgen haben. Ausführlicher war davon im Kapitel über den »Mitmenschen als Sache« die Rede.

Finden solche angeborenen Reaktionen also ihren Sinn im Selbstschutz eines Menschen vor allfälligen Gefahren, so tragen wir andererseits Verhaltensweisen mit uns herum, die als Überbleibsel aus stammesgeschichtlicher Vorzeit inzwischen fragwürdig geworden sind. Manche mögen amüsant sein, andere können gefährlich ausarten, wenn wir uns ihrer nicht bewußt sind oder wenn sie jemanden überkommen, der zur Gewaltanwendung neigt.

Wie beispielsweise kommt es, fragt der Anthropologe Rudolf Bilz, daß wir machmal unbewußt Abneigung gegenüber Mitbürgern mit ungewöhnlichen körperlichen oder geistigen Merkmalen empfinden? Daß wir ihnen gegenüber ein Distanzierungsbedürfnis erst überwinden müssen, bevor wir sie genau so zwanglos annehmen wie andere, die »ohne Makel« sind? Warum, überspitzt gefragt, mögen wir den »Außenseiter« nicht? Was ist der Grund für die »instinktive« Ablehnung dunkelhäutiger oder asiatischer Kinder durch die weißen auf den Schulhöfen westlicher Länder, wie dies trotz der zunehmenden Akzeptanz »multikultureller« Gemeinwesen immer noch zu beobachten bleibt? Selbst Kinder, die allein durch ihren fremdartigen Dialekt oder einen Sprachfehler auffallen, werden von anderen verspottet und verlacht.

Rudolf Bilz fand fünf Heftigkeitsgrade solchen »Anstoßnehmens« (englisch »mobbing«) gegenüber Menschen, die vom Normalen oder der örtlichen »Norm« auffällig abweichen. Die mildeste Form sei der verstohlene Seitenblick, der zweite Grad das maliziöse Lächeln, der dritte der hämische Witz. Bezeichnenderweise gibt es ja ganze Kategorien von Witzen wie die Irrenhauswitze, die über die Ostfriesen oder die Mantafahrer, die bestimmte Menschengruppen zur Zielscheibe des Spottes machen. Stufe vier ist laut Bilz die offene Gewaltanwendung: Das fremdartige Kind wird auf dem Schulhof verprügelt. Die letzte Stufe sei die Lynchjustiz.

Kaum anders als wir Menschen verhalten sich manche Tiere. Eine aus fremdem Stock stammende Biene wird wegen ihres ungewohnten Geruchs getötet. Möwen, die man mit einem auffälligen Farbklecks auf einem Flügel markiert, sehen sich von ihren Artgenossen verfolgt und angegriffen. Offenbar genügt es schon, wenn einem der Tiere einige Federn verklebt sind, um die Feindseligkeiten auszulösen. Ähnliches kann man erleben, wenn man etwa Saat- oder Rabenkrähen in einer Voliere hält und eine körperlich behinderte Krähe zu ihnen setzt. Die gesunden Tiere fallen dann bald über sie her und »hacken auf ihr herum«. Dies geschieht auch dann, wenn die hinzugekommene Krähe nicht derselben Art angehört wie die Volieren-Insassen.

Eine mögliche Erklärung für das Mobbing-Verhalten liefert das Auslesegesetz in der Natur. In freier Wildbahn hat das Außergewöhnliche innerhalb einer Art im angestammten Lebensraum gewöhnlich negativen Auslesewert. Es stellt ein Risiko für die anderen dar. Ein behindertes oder vom Normalen abweichendes Tier lockt beispielsweise durch sein Äußeres oder sein Verhalten Feinde an und kann dadurch der Gemeinschaft gefährlich werden. Flügellahme Vögel oder lahmende Hasen werden leicht die Beute von Raubtieren. Es gibt bodenbrütende Vögel, die sich und ihre Nestlinge dadurch vor Feinden schützen, daß sie sich bei deren Annäherung flügellahm stellen und vor dem Angreifer herflattern, um ihn vom Nest fortzulocken.

Ein Verhalten, das die »Abweichler« kurz hält, hat sich jedenfalls in der Natur bewährt. So bleiben sie Ausnahmefälle. Mit anderen Worten: Die Gemeinschaft verhält sich ihnen gegenüber feindselig, sie verfolgt sie, tötet sie oder stößt sie aus, so daß ihre Fortpflanzungschancen sinken oder gänzlich schwinden. Und das gilt unbeschadet der Tatsache, daß etwa durch einen Unfall entstandene Behinderungen gar nicht erblich sind, also den Fortbestand der Art nicht gefährden würden, sondern allenfalls geringere Lebenskraft und Einschränkungen für die Betroffenen mit sich brächten.

Auch uns Menschen warnt noch eine innere Stimme vor dem allzu Aus-dem-Rahmen-Fallenden. Viele Beispiele weisen darauf hin. So ist die Tendenz zu beobachten, sich entweder »zeitlos« oder mehr oder weniger nach der Mode zu kleiden. Das geht zuweilen so weit, daß dem jeweiligen Modetrend auch unabhängig davon gefolgt wird, ob er der Figur einen Gefallen tut, und dann wieder das Gegenteil erreicht wird. Man denke an die ständig wechselnden Rock- und Hosenlängen, die Schulterpolster, den Schnitt der Herrenanzüge oder die Hutmode der Damen. Wer dies alles völlig kritiklos mitmacht, wird leicht zur Zielscheibe des Spotts und sieht sich grinsender Blicke ausgesetzt, wie übrigens auch jene, die sich bewußt extravagant kleiden. Hinter vorgehaltener Hand wird über sie getuschelt, als ginge es uns etwas an, wie andere sich kleiden.

Kommt ein Kind aus der Stadt aufs Land und taucht in der ländlichen Schule mit städtischer Kleidung auf, so ist nahezu sicher, daß es allein aufgrund dieser Äußerlichkeit von den Klassenkameraden bespöttelt und abgelehnt wird. Die Eltern solcher Kinder wären in diesen Fällen gut beraten, ihren Sprößlingen eine »angepaßte« Kleidung zu besorgen, um sie vor psychischen Schäden zu bewahren. Kinder sind unerbittlich darin, den Außenseiter zu isolieren oder zu befehden, und gelingt ihnen dies, so bricht unverhohlene Schadenfreude aus. Fühlen sie sich durch ein provokantes Verhalten des Betreffenden auch noch herausgefordert, so lassen sie ihren Gefühlen erst recht freien Lauf. Oft kommt es dann zu Prügeleien.

Solange es beim Spott bleibt, kann man diesen als Versuch der

Mitschüler deuten, das verspottete Individuum zur Konformität, zur Anpassung an das Normalverhalten, zu bewegen, auch wenn ihnen dies nicht bewußt ist. Der Spott gewissermaßen als erste, vergleichsweise noch behutsame Warnung. Versagt er, kommt es nicht selten zu drastischeren Maßnahmen, gegebenenfalls auch zum Ausstoß aus der Gemeinschaft.

Ich erinnere mich gut an einen geistig behinderten Mitschüler in den ersten Klassen der Volksschule, den ich Gottfried Lamm nennen will, und der wegen seines hilflos-ungeschickten Gebarens immer wieder Anlaß für unseren Spott gab. Einige unter uns legten es darauf an, ihm zuweilen kategorisch zu befehlen: »Lamm – mach Geist!«, woraufhin der Bedauernswerte seine Hände an die Schläfen zu legen und mit den Zeigefingern zu wackeln hatte. Tat er nicht wie ihm geheißen, bezog er Prügel. Machte er »Geist«, brüllten wir vor Vergnügen.

Auch gab es an jener Schule einen geistig zurückgebliebenen Bediensteten, der sich auf dem Schulhof durch Holzhacken nützlich machte. Ihn pflegten wir zu ärgern, indem wir ihn mit den Worten: »Ernst, wo spät?« nach der Uhrzeit fragten. Er warf dann regelmäßig mit Holzscheiten nach uns, so daß wir in Deckung gehen mußten. Das hielt uns aber nicht ab, ihn immer aufs neue zu provozieren.

Als Außenseiter in der Schule muß aber auch der Streber gelten. Auch er lebt risikoreich, denn die Durchschnittsschüler reagieren unwillig angesichts der guten Noten, die er im Gegensatz zu ihnen bekommt. Selbst Schüler, denen das Lernen leicht fällt und die damit sozusagen unverschuldet in den Ruf eines Strebers kommen, sind dieser Gefahr ausgesetzt. Auch sie fordern unter Umständen die Ablehnung der Durchschnittsschüler heraus, es sei denn, die Streber können sich durch andere, der Gemeinschaft nützliche Eigenschaften einen Bonus verschaffen und damit unentbehrlich machen. Ein Beispiel dafür wäre der Primus, der zugleich die Fußballkanone der Schulmannschaft ist.

Außenseiter erlebt man in Diskussionsrunden, wenn im Gespräch gegensätzliche Meinungen aufeinandertreffen. Es scheint so, als sei den meisten Menschen das Gefühl, mit einer Meinung allein dazustehen, weit unangenehmer als die Befriedigung, auf einem als richtig erkannten, von der Mehrheit aber nicht geteilten Urteil zu beharren. Die Allgegenwart der Medien und der von ihnen verbreiteten Kommentare zum Zeitgeschehen erzieht förmlich zu solcher Abkehr von der Zivilcourage. So manches, was die meisten da als eigene Meinung ausgeben, entpuppt sich hinterher als das, was tags zuvor in einer Zeitung stand oder was der Fernsehkommentator zu sagen wußte. Es werden uns ja heute nicht nur Nachrichten als solche, sondern auch gleich die vorkonfektionierten Meinungen dazu ins Haus geliefert. Das erspart eigenes Nachdenken und kommt dem Bedürfnis nach gruppenkonformem Verhalten entgegen.

Die Angst vor der Isolation, vor dem »Getrenntwerden von der Horde«, regt sich offenbar noch immer in unserem Unterbewußtsein. Es gibt dazu ein bemerkenswertes, aus den USA berichtetes Experiment. Zehn Versuchspersonen, die zu einem bestimmten Ereignis eine sachlich begründete Meinung hatten, nahmen an einer größeren Gesprächsrunde teil, die zunächst ebenfalls ihrer Meinung war. Im Lauf der Unterhaltung erlebten die zehn ohne ihr Wissen Eingeschleusten dann, wie die Mehrzahl der anderen ihre ursprüngliche Meinung zugunsten einer entgegengesetzten aufgab. Das war insgeheim so verabredet, und die Folge war: Von den zehn Versuchspersonen gaben nun sechs ihrerseits ihre Meinung sofort auf und wechselten zur entgegengesetzten über. Zwei Versuchspersonen wurden unsicher, und nur zwei »Außenseiter« blieben bei ihrem – im übrigen richtigen – Urteil.

Mobbing-Phänomene auszumachen fällt nicht schwer, wenn man das richtige Gespür dafür hat. Bilz entdeckte sie sogar in der Neugier gegenüber dem Nachbarn. Es handele sich um einen Überwachungszwang, der dazu führen kann, »daß ein Mensch, der ein sorgsam gehütetes Geheimnis in einer schwachen Stunde preisgibt, alsbald erbarmungslos dieser seiner Schwäche wegen bewitzelt, verspottet, durch Klatsch und Tratsch schließlich ganz unmöglich gemacht wird.«

Wem fiele hier nicht das eifersüchtige Verhalten von Ehepartnern ein, wenn der eine dem anderen einen Seitensprung zu verheimlichen sucht? Besteht auch nur der geringste Verdacht auf ein »Fremdgehen«, so werden alle erdenklichen Tricks angewandt, um dem Ausbrecher auf die Schliche zu kommen. Da wird der Kilometerzähler des Autos kontrolliert, da werden die Taschen nach verräterischen Gegenständen durchsucht und am Telefon winzige Spuren von Mehl auf die Tasten gestreut, um den Anrufer zu überführen. Da scheut man weder Kosten noch Mühe, Detektivbüros einzuschalten oder sich selbst stundenlang auf die Lauer zu legen.

Eine subtile Form des Anstoßnehmens ist auch die Art, wie

wir über unsere Mitbürger reden, wie wir nicht nur über ihre Kleidung, sondern auch ihre Lebensgewohnheiten herziehen, als hätte uns dies alles zu interessieren. Innerhalb der Betriebe oder in Dörfern, wo jeder jeden kennt, findet man das von der Neugier genährte Überwachungsbedürfnis wahrscheinlich am ausgeprägtesten. Abgeschwächt ist es in größeren Orten anzutreffen. Sogar in den Städten blüht der Klatsch. Eine Großstadt, findet Bilz, bestehe geradezu aus sich überschneidenden kleinen Klatschgemeinden. Da wissen die Leute, wer mit wem etwas hat. Sie kennen die Marotten ihrer Mitbürger, wissen um ihre Hobbies, ihre Heimlichkeiten, ihre Religionszugehörigkeit, ihre Schulden und Leidenschaften. Nichts bleibt auf die Dauer verborgen. Und wem einmal etwas zu entgehen droht, der braucht sich nur an eine der stadtbekannten Klatschtanten zu halten, bei der die »Buschtrommeln« ihre Nachrichten hinterlassen. Da erfährt man die letzten Neuigkeiten, um darüber zu lächeln, zu spotten oder sich zu ärgern, in vielen Fällen aber auch, um das Geheimnis alsbald selbst genüßlich weiterzugeben.

Wenn Anstoßnehmen zum Verbrechen wird

Verfolgt man das Außenseiterproblem zurück in ferne Menschheitstage, so wird vieles verständlicher, was uns heute Rätsel aufgeben mag. Über das »Mobbing-Verhalten« haben wir gesprochen, die Abneigung, das Anstoßnehmen am auffälligen Aussehen oder Gebaren von Menschen, die damit zuweilen aggressive Reaktionen anderer provozieren. Wie aber kommt es zu Spannungen, zur Konfrontation zwischen ganzen Gruppen, die sich durch Wesensart, Hautfarbe oder kulturelles Niveau unterscheiden? Wie – beispielsweise – war die brutale Versklavung von schwarzen Afrikanern möglich, wie entstehen Kriege und Auseinandersetzungen zwischen Sippen, Stämmen und Völkern?

Geht man dem auf den Grund, so wird immer auch das Aggressionsproblem berührt, dem ein besonderes Kapitel vorbehalten bleibt. Hier wollen wir auf Gefühle und Regungen eingehen, die ihre Wurzeln im wesentlichen im Menschen als Sozialwesen haben.

Wie war es am Anfang? Vor ein paar Millionen Jahren gab es in Afrika und Asien vielleicht zehn oder zwanzig Millionen Aufrechtgeher, die man als Menschen im weiteren Sinn bezeichnen konnte. Die Erde war groß und leer. Es herrschte »Naturzustand«. Die da lebten, hatten ausreichend Platz. Man streifte in kleinen Horden umher. Es kam darauf an, den Naturkräften zu trotzen, für Nahrung und Obdach zu sorgen – mit einem Wort, zu überleben.

Mit dem Seßhaftwerden vor rund 10 000 Jahren neigte sich das unstete, nomadenhafte Leben der Jäger- und Sammlergesellschaften seinem Ende zu. Äcker, Vieh und dauerhafte Behausungen bedeuteten Besitz, den man nicht ohne weiteres im Stich ließ und gegebenenfalls verteidigen mußte. Im selben Maß, wie die Siedlungen wuchsen, entstand das Bedürfnis nach Schutz, und zwar nicht nur gegen Witterungsunbill, sondern auch gegen Überfälle feindlicher oder streunender Gruppen. Was lag da näher, als diesen Schutz im Sinn der Arbeitsteilung speziell dafür geeigneten Leuten zu übertragen: wehrhaften Waffenträgern, die körperlich robust waren und mit Schilden, Helmen und allerlei Angriffs- und Verteidigungsgerät umzugehen verstanden. So mögen die Gefolgs- und Lehnsleute, die

Landsknechte, die Polizei, die Soldaten und die verschiedenen Waffengattungen entstanden sein.

Mit den Siedlungen und der Zunahme der Erdbevölkerung kam es aber auch zu Spannungen zwischen den Angehörigen verschiedener Stämme und Völker. Fruchtbarer Boden, Glück in der Viehzucht, Besitz wertvoller Bodenschätze, begehrenswerte Frauen, Salzvorkommen oder Gewürze, vorteilhafte geographische oder klimatische Lage, Anschluß an ein Weltmeer und manches mehr gaben Anlaß zu Neid der einen auf die anderen. Hinzu kamen Gegensätze des Denkens oder Glaubens, die zu Auseinandersetzungen führten. Man bekämpfte sich mit missionarischem Eifer, und dies geschah sogar zwischen Gemeinschaften, die Nächstenliebe und Toleranz zu heiligen Tugenden erhoben hatten. Habgier, aufgestauter Haß oder Glaubensfanatismus entluden sich in blutigen Fehden – die Geschichte der Menschheit ist voll davon.

Forscht man nach den Ursachen solcher Feindseligkeiten, so stößt man auf den seit Urzeiten verwurzelten Selbsterhaltungstrieb des Menschen. Er ist ausnahmslos jedem Lebewesen eigen als Wesenszug, der sein Überleben sichern soll. Der Selbsterhaltungstrieb übertrug sich auf die Familie und Sippe, schließlich auf die unter gleichen Bedingungen lebende Gruppe, den »Großstamm«, auf die Siedlergemeinschaften begrenzter Areale und später – gefördert von gemeinsamen Wertvorstellungen, Ideologien, Rassenzugehörigkeit oder ähnlichem – auch auf ganze Völker.

Das »Ich«, der einzelne, sah sich geborgen in der Gemeinschaft, die ihm Auskommen, Zuwendung und Schutz bot. Er ging in der Sippe auf, die mithin durch die vereinten Selbsterhaltungstriebe aller Individuen erstarkte. Mit dieser »Übertragung« entstand zugleich jenes Zusammengehörigkeitsgefühl, das alle verband und gegen solche abgrenzte, die nach Glaubensbekenntnis, Hautfarbe, Wesensart oder anderen Merkmalen als »fremd« erschienen.

Beispiele für Gruppenzugehörigkeit finden wir beim Zuschauerverhalten etwa bei Sportveranstaltungen. Bei Fußballspielen örtlicher Mannschaften hat jede ihre Fans aus den Heimatgemeinden. Spielt die Nationalmannschaft, so sind die lokalen Rivalitäten vergessen, und alles brüllt – auch im Chor – für »Deutschland«. Da gerade das in Europa beliebte Fußballspiel heftige Emotionen freisetzt, beugen die Veranstalter den zu erwartenden Handgreiflichkeiten vor, indem sie die Zuschauer nach Länder-, sprich Gruppenzugehörigkeit auf den Tribünen in getrennten Blocks unterbringen. Auch dies nützt aber manchmal nichts. Die Exzesse, zu denen es bei Länderspielen zuweilen kommt, sprechen für sich. Wir leben in einer Welt, wie es Eibl-Eibesfeldt ausdrückt, »die wir uns selbst geschaffen haben, für die wir aber nicht geschaffen sind«.

Man muß sich nicht anstrengen, um zu erkennen, wie sehr wir uns von vielen unserer Mitmenschen unterscheiden. Schon dies kann Animositäten auslösen. Oft unterschwellig, bei gegebenen Anlässen aber deutlicher wird uns bewußt, wie viele Gruppen außerhalb unserer eigenen existieren, wer da alles mit »fremdem Selbstverständnis« ausgestattet ist. Da gibt es die beruflichen Unterschiede mit dem, was sie an Lebensart, politischer Neigung, Interessengebieten und Befähigungen kennzeichnet. Da sind die Altersgruppen, die Halbstarken mit ihren Marotten und Extravaganzen, die »Alten« mit ihrem wenig ausgeprägten Verständnis für die Jüngeren, da sind die Gefälle der Bildung und des materiellen Besitzes. Es gibt Verschiedenheiten der Sprechweise, der Dialekte und der Kleidung – lauter Eigenheiten, die den Normalbürger zwar kaum irritieren oder gar aggressiv machen, die aber im täglichen Leben doch gelegentlich zu Gruppendünkel oder Gruppenneid führen können und dann Anlaß zu Abgrenzung, zu Aversion geben.

Dabei gehören wir doch alle der gleichen Art an und tragen »unter dem Smoking alle dasselbe Bärenfell«. Befragten wir den Verstand, so müßten wir uns eigentümlich irrationale Regungen eingestehen. Tatsächlich ist das, was zu Gefühlen des »Andersseins« Anlaß gibt, ein tief verwurzeltes, unberechenbares Erbe, das uns leider auch zu Feindseligkeiten hinreißen kann. »Das Lebewesen Mensch ist den Schuhen des Primatendaseins entwachsen«, schreibt der englische Zoologe Desmond Morris, »sein biologisches Rüstzeug ist aber nicht stark genug, es mit der unbiologischen Umwelt aufzunehmen, die es geschaffen hat.«

Am augenfälligsten unterscheiden wir Menschen uns an den Rassenmerkmalen. Auf der Erde haben sich im wesentlichen drei Rassen oder Unterarten herausgebildet: die weiße oder europide, die gelbe mongolide und die schwarze negride Rasse. Hinzu kommen die Aborigines in Australien und die Buschleute in Südafrika – beide sind jedoch zahlenmäßig unbedeutend geblieben.

Zwischen den Rassen ist es in der Vergangenheit wiederholt

zu Diskriminierungen und blutigen Streitigkeiten gekommen. Bevor wir auf einen solchen Fall eingehen, sei aber gefragt: Wie kam es überhaupt zu den Rassen? Ursprünglich gab es sie ja nicht. Mit der zunehmenden Ausbreitung des Menschen, seinem Vordringen in die verschiedenen Klimazonen der Erde, ergaben sich jedoch Anpassungen im Erscheinungsbild der Art, so daß schließlich Unterarten, sprich Rassen, entstanden.

Die Unterarten weichen zwar nicht soweit vom »Typus Mensch« ab, daß sie untereinander keine fruchtbaren Nachkommen mehr haben könnten. Aber die Rassenangehörigen zeigen doch viele eigenständige Merkmale, vor allem solche des Körperbaues und der Hautfarbe. Die Eskimos im kalten Norden sind von eher kleiner gedrungener Gestalt, während die Steppenbewohner Afrikas vorwiegend hochgewachsen sind und zur Kühlung mehr Schweißdrüsen auf der Haut besitzen als die Bewohner gemäßigter Breiten.

Wäre die Entwicklung so weitergegangen wie etwa bei den Tieren und Pflanzen (aber dazu fehlte die Zeit), und wäre es nicht – erleichtert durch die wachsende Reiselust und die verbesserten Verkehrsverbindungen – immer wieder zu Mischehen gekommen, so hätten sich im Lauf vieler Jahrtausende sicher auch beim Menschen über die Rassen hinaus echte Arten gebildet, die untereinander dann keine fruchtbaren Nachkommen mehr hätten hervorbringen können.

Was einer allzu großen Unterschiedlichkeit der Rassen zusätzlich im Wege stand, war die Fähigkeit des Homo sapiens, sich die Natur »untertan« zu machen und die Wirkungen von Klima und anderen Umweltgegebenheiten abzumildern. So verloren diese ihre prägende Kraft zumindest teilweise. Es begann mit dem Feuer, dessen Wärme den Aufenthalt auch in den kälteren Breiten der Erde erträglich machte. Später kamen feste Behausungen, Zentralheizung, variable Kleidung und Schuhwerk hinzu. In den heißen Gebieten dagegen sorgten Bewässerung, Bäder, Ventilatoren, schattenspendende Bauweise, weite Kleidung und anderes mehr dafür, die Hitzefolgen für den Körper zu mildern.

All dies bremste den Trend zur Entstehung neuer Arten beim Menschen. Es blieb bei den Rassen. Sollte die Menschheit allerdings wider Erwarten noch eine nennenswerte Zeitspanne überleben, so dürfte die zunehmende Mobilität und die Neigung zu Mischehen zu einem wieder einheitlicheren Erscheinungsbild führen. Wie in einem Schmelztiegel würden sich die Merkmale der heute existierenden Rassen wieder vereinen, ohne daß es allerdings zu einem Rückfall in Urbilder der Art käme.

Damit zurück zu den Spannungen zwischen den heutigen Rassen. Eine ihrer bedrückendsten Folgen war die Versklavung afrikanischer Schwarzer durch weiße Söldner und Sklavenhändler. Wie es heißt, sollen zwischen dem 16. und 19. Jahrhundert rund 25 bis 30 Millionen Schwarze aus Afrika vor allem nach Mittel- und Nordamerika verschleppt worden sein, wo sie unter teils unmenschlichen Bedingungen schwerste Arbeiten verrichten mußten. Desmond Morris sieht im Sklavenhandel das Ergebnis einer besonderen Geisteshaltung. Bemerkenswerterweise sei die Versklavung von Schwarzen auf das Konto von Menschen gegangen, die sich zum Christentum bekannten. Das heute oft noch unbegreifliche Geschehen sei eine Reaktion auf die physischen Unterschiede zwischen den beteiligten Rassen gewesen.

Dabei hat es sich bei den heimgesuchten Stämmen in Afrika meist um kulturell hochstehende gehandelt. Morris schreibt: »Die ersten Reisenden, die in den schwarzen Erdteil eindrangen, waren erstaunt über die Großartigkeit und den Aufbau der Negerreiche. Es gab große Städte, Bildung und Wissen, eine geordnete Verwaltung und beachtlichen Wohlstand – Tatsachen, die selbst heute noch vielen Menschen unfaßbar erscheinen. Denn es sind zu wenige Beweise dafür erhalten geblieben, und das Greuelmärchen vom nackten, faulen, mörderischen, blutdürstigen Wilden hat sich nur allzu schnell durchgesetzt. Daß es aber zum Beispiel die herrlichen Bronzen von Benin gegeben hat, daran denkt man kaum – die frühen Berichte über die Negerkulturen sind glattweg verheimlicht und vergessen worden.«

Der wirtschaftliche Hintergrund für den Sklavenhandel ist das Geschäft mit dem Zuckerrohr gewesen. Die bis zu fünf Meter hohe Zuckerrohrpflanze war im Jahre 1494 wahrscheinlich von Kolumbus nach Westindien eingeführt worden. Von Haiti aus verbreitete sie sich rasch über die karibischen Inseln und gelangte vor allem nach Barbados, Jamaika und Kuba, wo sie mit Hilfe der schwarzen Sklaven angebaut und geerntet wurde. Damals begann zugleich eines der beschämendsten Kapitel der Menschheitsgeschichte. Der weiße Kristallzucker, ein im Grunde entbehrliches Nahrungsmittel, verwandelte die Karibik, Mittel- und Südamerika bis etwa um das Jahr 1800 in den Schauplatz von drei Vierteln des gesamten Zucker- und Sklavenhandels der Welt. Dabei nutzte man den Umstand, daß sich die aus Afrika stammenden und hitzegewohnten Schwarzen für die strapaziöse

Feldarbeit besonders eigneten. Sie erwiesen sich daher als ideale Arbeitskräfte.

Welche Zustände zwischen 1637, als die erste Zuckerrohrplantage angelegt wurde, und 1808 herrschten, als der letzte legal importierte Sklave auf den karibischen Inseln landete, kann man sich heute kaum noch vorstellen. Ahnen läßt sich das Elend, wenn man erfährt, daß der lebenslange Wert eines Sklaven in dieser Zeit kaum mehr als etwa einer Tonne Zucker entsprach.

Aus heutiger Sicht erhält der Sklavenhandel mit Afrikanern darüber hinaus noch einen besonders entwürdigenden Aspekt. Fest steht nämlich, und wir haben es erwähnt, daß die Negerreiche vor der Versklavung kulturell recht hoch standen. Der Aderlaß an jungen gesunden Männern mußte sie also zwangsläufig schwer treffen. So ist es kein Wunder, wenn spätere Chronisten zumeist heruntergekommene Stämme vorfanden und beschrieben – die Nachkommen der von den Häschern zurückgelassenen Kranken und Gebrechlichen. So überrascht es auch nicht, daß solche Beschreibungen von späteren Forschungsreisenden bestätigt wurden. Da war die Rede von minderwertigen Kulturen und moralischem Verfall. Es entstand sogar der Eindruck, als wäre den Schwarzen das Schicksal der Versklavung durchaus angemessen gewesen. Morris zitiert einen amerikanischen Geistlichen, der noch um die Mitte des 19. Jahrhunderts erklärte:

»Der Neger ist eine Sorte für sich, und er bleibt es, wie die zahlreichen Sorten von Haustieren... Seine Intelligenz ist der des Weißen unterlegen, und folglich ist er nach allem, was wir von ihm wissen, unfähig, sich selbst zu regieren. Er ist unserem Schutz unterstellt worden. Die Rechtfertigung der Sklaverei ist in der Heiligen Schrift enthalten...«

Das Vorurteil über das negride Wesen und die schwarze Rasse schlechthin hielt sich angesichts solcher Verleumdungen und Fehleinschätzungen noch lange nach der Abschaffung der Sklavenarbeit im Jahre 1865. Selbst heute spürt man die Abneigung noch hier und da. Die geplagten Afrikaner und ihre Nachkommen in der westlichen Welt blieben vielerorts das, was man über sie verbreitet hatte: dümmer als die Weißen und nur geeignet, niedere Arbeiten zu verrichten. Hartnäckig hielt sich die kränkende Vorstellung von der Minderwertigkeit der durch ihre Hautfarbe »Gebrandmarkten«.

Unvermeidbar mußte es da früher oder später zum Aufbegehren der Unterdrückten kommen. Dies geschah denn auch prompt nach 1865, dem Jahr, in dem die Schwarzen in den USA ihre Freiheit bekamen und sich gleichberechtigt mit den Weißen fühlen konnten. So erklären sich die bis in die Gegenwart hinein spürbaren Spannungen, die blutigen Auseinandersetzungen zwischen Schwarzen und Weißen, aber auch der teils selbstgewählte Rückzug der Schwarzen in ghettoartige Wohngebiete wie Harlem in New York.

Eine Extremform des »Anstoßnehmens« an schwarzen Mitbürgern praktizierte und praktiziert vereinzelt noch immer der amerikanische Geheimbund »Ku-Klux-Klan«. Er wurde nach dem amerikanischen Bürgerkrieg im Jahre 1866 in den Südstaaten gegründet und verfolgte ursprünglich das Ziel, die gerade erklärte Gleichberechtigung der Schwarzen wieder abzuschaffen.

Zu Fuß oder zu Pferde begannen die »Klansmen« jedoch bald, in weiße Kutten gehüllt und durch Kopfmasken unkenntlich gemacht, die Schwarzen zu terrorisieren. Dabei machten sie auch vor jenen Weißen aus den Nordstaaten nicht halt, die sich für die Rechte der so lange Unterdrückten einsetzten. Immer wieder schreckten grausame Untaten des Ku-Klux-Klan die Bevölkerung auf, und nicht selten drückte die Polizei beide Augen zu. Bezeichnend war der Fall des Henry Lowther aus Wilkinson County im Staat Virginia. Der frühere Sklave hatte sich in drei mühevollen Jahren eine Gemischtwarenhandlung aufgebaut und mit viel Fleiß ein kleines Vermögen erworben. Zu seinen Kunden zählten sowohl schwarze wie auch weiße Bewohner der Kreisstadt.

Eines Nachts tauchen vermummte Klan-Mitglieder bei ihm auf und verlangen, daß er den Ort innerhalb von fünf Tagen verlasse. Als Lowther dem nicht nachkommt, wird er kurz darauf unter dem Vorwand, unerlaubt Waffen zu besitzen und mit einer weißen Frau geschlafen zu haben, verhaftet. Man sperrt ihn ein, läßt ihn aber schon bald zu nachtschlafender Zeit wieder frei. Als er das Gefängnis verläßt, sieht er sich vor dem Tor von zahlreichen Kuttenträgern umringt, die ihn ergreifen und in ein naheliegendes Sumpfgebiet schleppen. Einer der Kidnapper hängt ein Seil über einen Ast und droht, ihn zu erhängen. Lowther bittet um Gnade. Darauf zerrt man ihn weiter und fesselt ihn an einen Baum. Ein Kapuzenmann hebt seine Flinte, um ihn zu erschießen. Wieder bittet der Schwarze um sein Leben. Da stellt man ihn vor die Wahl, entweder getötet oder »verändert«

zu werden. Lowther wählt das letztere, wird entmannt und seinem Schicksal überlassen. Während er sich blutüberströmt davonschleppt, hört er seine Peiniger noch rufen, dies sei die letzte Warnung gewesen. Wenn er die Gegend nicht sofort verlasse, werde er sterben.

Ähnliche Greuel, Fememorde und Lynchjustiz fanden in der Folge immer häufiger statt. Der Ku-Klux-Klan, dessen Mitgliederzahl ständig zunahm, verbreitete Angst und Schrecken. Die Gewalttätigkeiten an Schwarzen und den mit ihnen sympathisierenden Weißen nahmen derartige Formen an, daß die amerikanische Regierung im Jahre 1871 offiziell einschritt. Sie verbot den Geheimbund und ging mit Polizei und Miliz gegen die Mitglieder vor.

Das führte freilich nur vorübergehend zu einer Mäßigung der Umtriebe. Zwar schrumpfte die Zahl der Klan-Anhänger, doch das Ende des Bundes war damit nicht gekommen. Man schrieb das Jahr 1915, als die gespenstische Bewegung, ermuntert durch einen in Hollywood gedrehten Film, neuen Auftrieb erhielt.

Dieser Film, ›The Birth of a Nation‹, war in Anlehnung an den Roman ›The Clansmen‹ entstanden und verherrlichte die Machenschaften des Ku-Klux-Klan. Prompt regte sich der Terror erneut. Und erstmals tauchten nun auch die weißen zuckerhutförmigen Kapuzen mit Augenschlitzen auf, die fortan zum Erkennungszeichen der Geheimgesellschaft werden sollten.

Überall, wo die Maskenmänner aus dem Hinterhalt zuschlugen, wo sie ihre Landsleute erpreßten, folterten, federten oder teerten, wo sie sie niederstachen, entmannten, erhängten oder erschossen, da brannten sie zum Zeichen ihres Treibens rasch errichtete Holzkreuze ab. Überzeugt davon, die liberale Einwanderungspolitik der Regierung gegenüber Menschen mit anderer Hautfarbe, ungewöhnlichem Gebaren, fremdem Sprachakzent oder anderer Denkart widerspreche ihrer Vorstellung vom »reinrassigen Amerikaner«, verfolgten die Geheimbündler nun auch andere Minderheiten. Als wäre die Zeit des Klans erst jetzt so richtig gekommen, steckte man sich »höhere Ziele«. Juden, Zigeuner, Schwarze, Einwanderer von gelber und brauner Hautfarbe, Kommunisten und Gewerkschaftler – sie alle wurden grausam verfolgt. Unter Leitung des früheren Evangelisten William Joseph Simmons und angestachelt von einem wachsenden Nationalismus, von Ressentiments und religiösem Eifer, grassierte das Unwesen erneut und berief sich dabei auf eine neue Klan-Verfassung, den »Kloran«.

Erstaunlicherweise sah die Obrigkeit auch jetzt wieder weitgehend untätig zu, was dem Klan zusätzlichen Auftrieb verschaffte und die Mitgliederzahl schließlich auf schätzungsweise vier Millionen ansteigen ließ. Doch auch diese, die dritte Phase des Klan ging zu Ende, wenn auch weniger durch äußere Gewalt als vielmehr an internen Streitigkeiten, Machtkämpfen, Sex-Skandalen und finanziellen Schwierigkeiten. Immer mehr Anhänger sprangen ab, so daß es im Jahre 1944 so schien, als seien die Vereinigten Staaten von dem Bürgerschreck und seinen Greueltaten endlich befreit.

Doch wieder kam es anders. Schon zwei Jahre später erstand der Ku-Klux-Klan erneut, wenn auch diesmal lediglich in versprengten Gruppen, denen ein gemeinsames Oberhaupt fehlte. Wieder gab es blutige Übergriffe, und wieder beging man sie unter dem Schutz der Vermummung. Doch griffen die Bundesbehörden einschließlich des FBI jetzt härter durch und machten es den »Klansmen« zunehmend schwerer, ihr anonymes Treiben ungestraft fortzusetzen. Nicht zuletzt wegen wachsender Geldnöte und drakonischer Urteile von unbefangen gebliebenen Richtern ebbten die Umtriebe abermals ab. Lange hörte man nichts von dem mörderischen Spuk, bis Anfang 1990 eine Nachricht von neuen Zusammenkünften der schon überwunden geglaubten Terrorgesellschaft die Öffentlichkeit schockierte. Zunehmend sieht man nun auch Frauen als Mitglieder des ursprünglich nur für Männer offenen Klans, die es als ihre Aufgabe betrachten, der Familie und speziell ihren Kindern den Haß gegen alle Nichtweißen einzuimpfen oder sie zumindest zu lehren, die weiße Rasse zu respektieren. Offenbar ist das gesellschaftspolitische Klima in den USA für den Klan noch immer günstig, so daß sich auch heute noch Extremisten finden, die Haß schüren und Selbstjustiz üben, wo sie meinen, Andersartige oder Andersdenkende als Außenseiter verfolgen zu müssen, der »Reinheit des Volkes« oder anderer nebulöser Ziele wegen. Die Nachkommen der einstigen Sklaven gaben jedenfalls nicht auf, und ihre Vitalität half ihnen dabei. In den USA ist ihre Zahl inzwischen auf über 20 Millionen angestiegen. Sie sind zu einem politischen Machtfaktor und einem nicht zu unterschätzenden sozialen Zündstoff geworden.

Judenverfolgung und Jagd auf »Hexen«

Anhänger rassistischer Geheimbünde oder Sekten, die ihre Ziele mit kriminellen Machenschaften verfolgen, gibt es überall auf der Erde. Ihre Opfer sind Minderheiten, die durch ihren Glauben, ihre Wesensart, ihre Rasse oder ihr Brauchtum als Außenseiter gelten und mehr oder weniger offen bekämpft werden.

Nicht selten entstehen Spannungen auch beim Zusammenleben von Randgruppen mit Eingesessenen. Das ist dann der Fall, wenn Angehörige der Minderheit unangenehm auffallen oder sich strafbar machen. Es kann leicht passieren, daß eine einzige solcher Entgleisungen genügt, um die »Öffentlichkeit« sogleich gegen die Gruppe als Ganzes aufzubringen.

Ein Beispiel dafür erlebten die Stuttgarter im Sommer 1989, als ein angeblich staatenloser Afrikaner beim Schwarzfahren in der Straßenbahn ertappt wurde und den Kontrolleur attackierte. Er schlug ihm die Faust ins Gesicht, was den Mann einige Zähne kostete, dann flüchtete er aus dem Waggon. Polizisten stellten ihn schließlich auf einer Brücke. Als sie seinen Ausweis verlangten, zog er aus einer zusammengefalteten Zeitung ein Bajonett und erstach zwei der Beamten. Kurz darauf trafen ihn tödliche Schüsse aus einer Dienstpistole.

Nahezu automatisch kam es nach dem Vorfall zu einer Welle von Aversion im ganzen Land gegen »die Ausländer«, denen man sich »zunehmend gegenübersieht«, obgleich auch andere ein solches Verbrechen hätten begehen können.

Verhaltensweisen vom bloßen Distanzhalten bis hin zu körperlicher Mißhandlung entspringen nicht immer nur aktuellen Animositäten, und sie gründen sich auch nur selten auf generationenalte Erfahrungen mit den potentiellen Opfern der Ablehnung. Als instinkthafte, aus der stammesgeschichtlichen Vergangenheit des Menschen herrührende Atavismen reichen sie viel weiter zurück.

Die terrainbeherrschenden Gruppen, ob Frühmenschen oder Tiere, sahen im »Fremden« vordergründig zunächst einmal den Ungebetenen, den Futterneider oder den, der durch seine Andersartigkeit womöglich Gefahr bedeutete, vergleichbar der feindanlockenden Möwe mit dem Farbklecks auf dem Flügel. Der Außenseiter störte ihre Kreise. Sie mißtrauten ihm und versuchten zumindest anfangs, ihn wieder loszuwerden.

So kommt es zu Varianten des »Mobbing« zwischen Vertretern verschiedener Volksgruppen oder Rassen dort, wo Minderheiten fremder Kulturen in den Verdacht geraten, den Einheimischen Arbeitsplätze streitig zu machen, den Landestöchtern nachzustellen, oder wo sie durch ihre ungewohnte Lebensart auffallen. Nährböden für das Anstoßnehmen, die Ablehnung Andersartiger oder Andersgesinnter sind oft genug auch religiöser Fanatismus oder extreme politische Programme. Ferner sind es Vorurteile, die eine strikte Trennung der »Fremdartigen« von der eingesessenen Bevölkerung fordern. Ein besonders bedrückendes Beispiel hierfür ist die erst allmählich sich mäßigende Politik der Rassentrennung (Apartheit) in Südafrika. Dabei ließe sich in diesem Fall sogar darüber streiten, wer im Süden Afrikas eigentlich die Fremden und wer die Einheimischen gewesen sind.

Hierher gehört auch das düsterste Kapitel der deutschen Geschichte, die Verbrechen des Nazi-Regimes an den Juden im Dritten Reich. Auch die Juden galten wegen ihres Glaubens und im typischen Fall durch ihr Äußeres als Abweichler. Hinzu kam, daß es dem sogenannten »Führer« Adolf Hitler gelungen war, seinen persönlichen Haß auf die Juden durch geschickte und demagogische Agitation mit Hilfe seines Propaganda-Ministeriums in weite Kreise des Volkes zu tragen.

Auf welch furchtbare Weise sich eine hier und da schon latente Abneigung gegen die Juden unter Hitler in Deutschland anstacheln ließ und zu welchen Untaten die Parteischergen gegenüber friedlichen Mitbürgern fähig waren, das haben die Pogrome und Massenmorde an Juden in den Jahren zwischen 1933 und 1945 auf erschreckende Weise gezeigt.

Einen ersten Höhepunkt erreichte die Welle der Gewalt in der sogenannten Reichskristallnacht vom 9. zum 10. November 1938. Als Antwort auf den Mord an dem deutschen Legationssekretär Ernst vom Rath in Paris durch den Juden Herschel Grünspan hatte Hitler eine erste »offene Abrechnung« mit den Juden im Reich angeordnet – im Nazijargon war die Rede von der »Nacht der langen Messer«. Nachdem es schon vorher zu zahlreichen Übergriffen gegen Läden und Einzelpersonen gekommen war, erhielten die SA-Führer am 8. November die Anweisung, ein »Strafgericht« zu halten und dem »Volkszorn« dadurch Ausdruck zu geben, daß nicht nur jüdische Geschäfte, sondern auch die Synagogen zu zerstören oder in Brand zu setzen seien. Die Aktion, so hieß es, sei in Zivil auszuführen.

Von »Ariern« bewohnte Nebenhäuser dürften keinen Schaden nehmen.

Diesem damals mündlich gegebenen Befehl kamen Rollkommandos der SA mit aller denkbaren Brutalität nach. Mehr als 200 Synagogen wurden niedergebrannt oder verwüstet, jüdische Friedhöfe geschändet, ungezählte jüdische Geschäfte und Wohnungen demoliert und geplündert. Wie es heißt, sind während der Kristallnacht-Ausschreitungen etwa hundert Juden im Reichsgebiet umgebracht worden.

Damit nicht genug, lief am nächsten Tag eine umfangreiche Verhaftungswelle an. Rund 30 000 Juden, unter ihnen vor allem solche des gehobenen Mittelstandes, verschleppte man in Konzentrationslager und beschlagnahmte ihr Vermögen. Die während der Pogrome entstandenen Sachschäden hatten die Juden nicht nur selbst zu bezahlen, sondern es wurde ihnen darüber hinaus eine »Sühneleistung« in Höhe von einer Milliarde Reichsmark auferlegt.

Schon im Jahre 1935 hatten die »Nürnberger Gesetze« die Juden für Angehörige einer minderwertigen Rasse erklärt. Nach dem ›Gesetz zum Schutze des deutschen Blutes und der deutschen Ehre‹ galt es als »Rassenschande«, wenn »Arier« mit Juden geschlechtlich verkehrten. Immer stärker beschnitt man den angeblichen »Volksschädlingen« die beruflichen Möglichkeiten. Man zwang sie, den gelben Judenstern zu tragen und verbot ihnen, öffentliche Ämter zu bekleiden oder als Ärzte, Rechtsanwälte, Makler oder Theaterleute tätig zu werden.

Viele in die KZs verschleppte Juden überlebten die Lagerhaft nicht. Und doch war dies erst der Anfang jener berüchtigten »Endlösung«, der systematischen Vernichtung des jüdischen Bevölkerungsteils in Deutschland und dem von deutschen Truppen im Zweiten Weltkrieg besetzten Europa. In ihrem Verlauf sind sechs Millionen Juden ermordet worden.

Nach wie vor bleibt dieses grauenhafte Geschehen unfaßbar, und auch der Hinweis auf das »Bärenfell« unter den braunen Uniformen kann die Schuld derjenigen nicht mindern, die als Verbreiter oder Vollstrecker der nazistischen Wahnidee von der Auserwähltheit der nordischen, arischen Rasse überzeugt gewesen sind. Dabei ist der Gedanke geradezu unheimlich, daß sich damals ungezählte »Menschen wie wir« zu den Untaten an jüdischen Mitbürgern hinreißen ließen: Menschen, wie wir ihnen auf Straßen, in Fußgängerzonen, in der Bahn, im Urlaub oder wo auch immer begegnen, Menschen mit alltäglichen Gesichtern und freundlichem Gebaren, die sich verhetzen ließen von einem diabolischen Machthaber und seinem Propaganda-Apparat, der höchst wirksam an schlummernde Urinstinkte zu appellieren verstand. Es gelang diesem Apparat, die anfangs vielleicht noch vorhandenen Hemmschwellen einzureißen und die Schuldgefühle seiner Schergen auszulöschen.

Eine andere unheilvolle Form des Anstoßnehmens an Außenseitern liegt zwar schon Jahrhunderte zurück, doch hat sie ebensowenig von ihrer Ungeheuerlichkeit verloren. Es ist die Verfolgung, Folter und öffentliche Verbrennung Zehntausender von unschuldigen, als »Hexen« bezeichneter Frauen im Namen der Kirche. Die unglücklichen Opfer stellten dabei eigentlich gar keine Außenseiter von vornherein dar, sie wurden vielmehr durch Verleumdung, üble Nachrede und in dem Aberglauben, mit dem »Teufel« im Bunde zu sein, vorsätzlich dazu gemacht.

Für die Anklage reichte es aus, wenn ein Haus brannte, ein Kind erkrankte, ein Haustier verendete, Obst oder andere Lebensmittel verdarben und ähnliches. Man beschuldigte einfach eine in der Nähe des Geschehens wohnende Frau, für das Unglück verantwortlich zu sein. Häufig genügten ein auffälliges Wesen der Betreffenden, ungewöhnliche Äußerlichkeiten oder bloße Denunziation.

Auf die Behauptung hin, mit dem »Teufel« einen Pakt geschlossen oder mit ihm »gebuhlt« – also geschlechtlich verkehrt zu haben, wurden im 15., 16. und 17. Jahrhundert im Einflußbereich der römisch-katholischen Kirche in Europa ungezählte unbescholtene Frauen der »Hexerei« angeklagt, auf bestialische Weise gefoltert, um Geständnisse zu erpressen und schließlich vor einer gaffenden Menge auf Scheiterhaufen verbrannt.

Im Jahre 1487 bekamen diese Greuel Methode durch die Veröffentlichung des berüchtigten dreibändigen ›Hexenhammers‹ der beiden Dominikanermönche Heinrich Institoris und Jacob Sprenger. Die Verfasser beschrieben darin in aller Ausführlichkeit, wie »vom Teufel Besessene« ausfindig zu machen, zu foltern und schließlich zu verbrennen seien.

Weitere Hilfestellung für die Flut der erst in Frankreich, später auch in Deutschland durchgeführten Hexenprozesse leistete die ›Hexenbulle‹ des Papstes Innozenz VIII. Wie man mit den beklagenswerten Frauen umsprang, darauf werfen einerseits die Foltermethoden, aber auch die sogenannten Hexenproben ein bezeichnendes Licht. So war es üblich, die Beschuldigten mit glühenden

Zangen in die Brüste zu kneifen, auf »Streckbänken« in die Länge zu ziehen, sie zu blenden, aufs Rad zu flechten, ihnen die Fingernägel auszureißen, die Ohren ab- und die Zungen herauszuschneiden, oder ihnen andere Grausamkeiten anzutun.

Weigerte sich die Beklagte trotz Folter, die ihr angedichteten Beziehungen zum »Teufel« zuzugeben, so konnte sie zur Hexenprobe gezwungen werden. Unter dem Vorwand, ihre beteuerte Unschuld habe noch eine Chance, mußte sie ein glühendes Eisen minutenlang mit bloßen Händen halten oder ihre Arme in kochendes Wasser tauchen. Die dabei erlittenen Verbrennungen galten als untrügliches Zeichen ihrer Schuld. Frauen, die zum gleichen Zweck gezwungen wurden, durch ein Feuer zu gehen, zog man zuvor gelegentlich wachsgetränkte Hemden an. Loderte das Hemd unvermeidlich auf, so war auch dies das Zeichen dafür, daß man es mit einer Hexe zu tun hatte, die den Tod auf dem Scheiterhaufen verdiente.

Völlig unbegreiflich ist aus heutiger Sicht, daß die unglücklichen Opfer der Hexenprozesse einer entsetzlichen, zum Wahnsinn treibenden Angst zwischen Verhaftung, Urteil und qualvollem Tod gleich unter drei höchst haltlosen Beschuldigungen überantwortet worden sind: der des »Teufelsbündnisses«, der angeblichen Schadensstiftung und des schuldhaften Verhaltens. Grotesker und verlogener lassen sich Anklagen und Rechtssprüche im Namen eines Gottes und allgütigen Vaters kaum vorstellen. Tatsächlich sind die wahrhaft Besessenen jener Zeit die Richter und Inquisitoren gewesen, nicht aber die verfolgten Frauen. Im deutschen Sprachraum soll die letzte sogenannte Hexe vor einer riesigen, lüstern gaffenden Menge (die Kinder wurden hochgehoben) im Jahre 1782 im Schweizer Kanton Glarus verbrannt worden sein.

Hätten die Hexenverfolgungen damals reine Glaubensgründe gehabt, so hätte auch der religiöse Wahn, der ihnen zugrunde lag, wenn nicht als Entschuldigung, so doch als Erklärung dienen können. In Wahrheit haben höchst weltliche Motive die grauenhaften Taten mitbestimmt. Das Vermögen der Verurteilten fiel nämlich den Hexenrichtern zu, so daß sich das gottgefällige Hexenbrennen zwanglos mit dem Nützlichen der persönlichen Bereicherung verbinden ließ.

Damit zurück in die Gegenwart. Wo immer es zum Anstoßnehmen an Außenseitern kommt, da richtet es sich gewöhnlich gegen eher unterlegene, schwächere Opfer, die es nicht selten durch ein bestimmtes Verhalten, bestimmte Merkmale oder

Auffälligkeiten selbst auslösen. Die Stoßrichtung bleibt hier eingleisig. Doch muß dies nicht immer so sein. In einigen Fällen schlägt das Opfer zurück. Dann kommt es zur Gegenwehr wie in kriegerischen Auseinandersetzungen oder – wenn man so will – wie bei der Bestrafung von Gewalttätern durch den Staat, der sich mit seinem Machtmonopol stellvertretend für die Opfer rächt.

Nicht nur einseitige, auch gegenseitige Ablehnung kann eine lange Vorgeschichte haben, bis es zum Ausbruch von Feindseligkeiten kommt. Oft schleichend entstehen die Voraussetzungen dafür, und Schuldzuweisungen sind dann schwer zu treffen. Die Frage, wer »angefangen« hat, bleibt oftmals offen. Ein Angreifer, um es konkret zu sagen, muß nicht unbedingt auch schuldhaft für den Konflikt verantwortlich sein, etwa dann nicht, wenn ihn die Gegenseite wie auch immer provoziert und ihm sein Handeln damit sozusagen aufzwingt.

Ganz allgemein erlebt man dieses Phänomen in der verbreiteten Abneigung gegen Gastarbeiter und Asylanten, in Deutschland heute insbesondere gegen die Türken. Wir finden es, wenn auch schwächer ausgeprägt, in der Schwierigkeit für Vertriebene und Flüchtlinge, für Zugereiste und »Reingeschmeckte«, vor allem in Dörfern und Kleinstädten, in der noch fremden Umgebung Fuß zu fassen, heimisch zu werden, sich zu integrieren und das anfängliche Mißtrauen der Einheimischen zu überwinden. Ausdrücke wie »Saupreußen« oder »Nordlichter« sagen hier mehr als viele Worte.

Seit den sechziger Jahren hat im europäischen Raum und speziell in der Bundesrepublik der Strom der Zuwanderer aus fremden Kulturkreisen stetig zugenommen. Wenn die Einwanderung solcher Arbeit- und Asylsuchender jedoch ein bestimmtes Maß überschreitet, kann sie zum Problem für das Gastland und die bereits Eingesessenen werden. Das kann auf verschiedenen Ebenen geschehen. Die zunächst als Minorität existierenden Fremden besetzen beispielsweise zunehmend Arbeitsplätze, was eine lokale, später auch landesweite Arbeitslosigkeit unter den Einheimischen vergrößern kann. In den Schulen, wo der Ausländernachwuchs zusammen mit den Landeskindern unterrichtet wird, müssen die Lehrer Rücksicht auf jene nehmen, die der Landessprache noch nicht so gut folgen können. Darunter kann der Unterricht leiden. Zumal dort, wo viele Zuwanderer aus fremden Kulturkreisen beisammen wohnen und ihre Sprache und Sitten beibehalten, kommt es zu Spannungen.

Das alles erzeugt bei nicht wenigen Unmut, ja Verbitterung, wenn die eigene Art zu leben darunter leidet. Zwar rechtfertigt die Wirtschaft die gelegentlich bevorzugte Einstellung von Gastarbeitern gern mit deren manchmal besserer Eignung oder größerer Genügsamkeit gegenüber einheimischen Stellenbewerbern, doch verhindert dies nicht, daß es böses Blut gibt und im Extremfall allgemeiner Fremdenhaß sich breitmacht. Bestimmte politische Entscheidungen fördern zudem noch den Zustrom von Familienangehörigen aus der Heimat der Einwanderer und ermöglichen es ihnen, Staatsbürger des Gastlandes zu werden, was das Problem noch verschärft.

Es ist kein Geheimnis, daß wir Menschen erst einmal uns selbst und der eigenen Familie am nächsten stehen und daß uns weiterhin vieles mit unseren Verwandten und Freunden verbindet, schließlich auch mit unserem Volk, dessen Geschichte wir teilen.

Es wäre sicher politisch unklug, dieser »instinktiven Verbundenheit«, um es einmal so zu nennen, dadurch gegenzusteuern, daß mit einer allzu liberalen Einwanderungspolitik eine fortschreitende Überfremdung zugelassen würde, so daß ein riesiges multikulturelles Staatengebilde entstehen kann und die Eigenständigkeit der europäischen Völker damit in Gefahr geriete, verloren zu gehen.

Dies soll nicht dahin falsch verstanden werden, als käme es im Gegenteil darauf an, sich abzuschotten gegen alles Fremde, oder solchen Menschen die Hilfe zu verweigern, die sie wirklich brauchen. Auch wäre es überheblich und borniert, die in den Heimatländern der Zuwanderer herrschenden Sitten, Gebräuche und Rechtsauffassungen abzulehnen, zu bespötteln oder zu verachten.

Der Grund dafür, den Zustrom von Einwanderern fremder Kulturkreise zu begrenzen, liegt einfach darin, das eigene Kulturerbe zu bewahren. In seinem Buch ›Der Mensch, das riskierte Wesen‹ hat Irenäus Eibl-Eibesfeldt diesen Gesichtspunkt behandelt und speziell für die Bundesrepublik soviel Zutreffendes gesagt, daß es hier zitiert sei:

»In der Bundesrepublik Deutschland warb man in den sechziger Jahren Ausländer als Arbeitskräfte an, ohne auch nur im geringsten an mögliche Folgen zu denken. Es gab Immigration ohne Immigrationspolitik. Man nahm an, die meisten Gastarbeiter würden wieder in ihre Heimat zurückkehren, aber sicherte das nicht vertraglich ab...

Auf Drängen humanitär motivierter Kreise erlaubte man die Einreise von Familienangehörigen. So sah sich das dicht bevölkerte Westeuropa auf einmal mit einer Immigrationsproblematik konfrontiert...

Woraus resultiert diese? Was bedeutet Einwanderung für Ansässige und Einwanderer? Darüber braucht man im Grunde nicht allzu lange Spekulationen anzustellen, denn die verschiedenen Möglichkeiten wurden und werden uns in den verschiedenen Teilen der Welt vorgeführt. Handelt es sich bei den Einwanderern um Integrationswillige einer verwandten Kultur, also um Menschen, die bereit und fähig sind, ihre angestammte Kultur aufzugeben, dann ist das Konfliktpotential gering... Hier verbindet... das gemeinsame abendländische Erbe, das sich ja auch in den Stilepochen der europäischen Architektur, Musik und Malerei ausdrückt... Das Wechseln von einer europäischen Kultur zur anderen bereitet daher im allgemeinen keine Schwierigkeiten, es sei denn, starke glaubensmäßige Gebundenheit führt zu einer selbstgewollten Abgrenzung...

Tritt zur glaubensmäßigen Kennzeichnung noch eine physisch-anthropologische, so stößt die Integration dann auf Schwierigkeiten, wenn die Einwanderer in einem relativ kurzen Zeitraum als Gruppe ankommen und damit die Möglichkeit haben, sich mit ihresgleichen zusammenzufinden. Sie setzen sich dann als Gruppe vom Wirtsvolk ab, das sich seinerseits wiederum abgrenzt...

Einwanderung führt in solchen Fällen mit hoher Wahrscheinlichkeit zu Konfliken, denn sie kommt ja einer Landnahme gleich. Eine Ethnie (Volksgruppe, d. Verf.), die einer anderen, nicht integrationsbereiten, in größerer Zahl Zuwanderung erlaubt, tritt damit zugleich Land an sie ab. Sie schränkt ihre eigenen Fortpflanzungsmöglichkeiten zugunsten eines anderen Volkes ein, denn die Tragekapazität eines Landes ist begrenzt. Europa ist im Grunde bereits übervölkert, und dadurch wird das Problem besonders gravierend...

Verfechter einer liberalen Einwanderungspolitik... argumentieren damit, daß es sich um keine großen Bevölkerungsbewegungen handele. Einige Zigtausend sind es aber immerhin, die jährlich einzuwandern versuchen, und auf die Dauer würde das zur weiteren Zurückdrängung der eingesessenen Bevölkerung führen. Diese steht in der Mehrzahl, wie Umfragen ergaben, einer Massenimmigration ablehnend gegenüber. Bisweilen kommt es sogar zu Ausbrüchen von Fremdenhaß. Dann geben sich die Befürworter der Immigration überrascht und sprechen von ›irrationalen‹ Ängsten oder von Demagogen, die den Ausländerhaß schürten. Daß der Irrationalität möglicherweise eine Ratio des Überlebens zugrunde liegt, kommt ihnen gar nicht erst in den Sinn...

Zu erwarten, daß Einwanderer zugunsten der Eingesessenen ihr Fortpflanzungsverhalten einschränken, ist naiv. Für die Einwanderer wäre dies ja eine falsche Strategie: Wollen sie ihre Existenz absichern, dann müssen sie Macht erlangen, um sich von der Dominanz der Eingesessenen zu lösen. Und Macht gewinnt man nur über Anzahl. Ein ›Kampf der Wiegen‹ ist in dieser Situation fast unausweichlich, wobei es sich im wesentlichen um Automatismen und nur zum geringen Teil um bewußte Strategien handelt. 1981 entfielen auf eine verheiratete türkische Frau statistisch 3,5 Kinder, auf eine verheiratete deutsche Frau 1,3 Kinder. Hält dieser Trend an, dann kommt es unausweichlich zur Verdrängung des eigenen biologischen Erbes.«

Soweit Eibl-Eibesfeldt. Eine ursprünglich humanitäre Absicht, auch Angehörigen fremder Kulturkreise das eigene Land zu öffnen, um sie teilhaben zu lassen am wirtschaftlich-technischen Fortschritt und gesellschaftlichen Leben des eigenen Landes, kann ins Gegenteil umschlagen. Sie mündet dann in Feindseligkeiten ein, die niemand wollte, die sich aber doch zwangsläufig ergeben.

Die Urzeit läßt grüßen

Kinder klettern gern auf Bäume. Wenn eine Astgabel sich anbietet, bauen sie aus Brettern eine Plattform oder Baumburg. Im Wald legen sie Höhlenverstecke an, errichten Hütten aus Zweigen und polstern sie mit Moos aus. Sie gründen kleine »Banden«, die sich im Spiel bekämpfen. Sie bewaffnen sich mit Pfeil und Bogen, schnitzen Speere und Messer aus Holz und greifen zu handlichen Knüppeln, um wilde Verfolgungsjagden zu veranstalten. Manch einer besitzt einen Spielzeug-Revolver oder zündet Knallkörper, um die »Feinde« in die Flucht zu schlagen, »Burgen« zu besetzen oder zu zerstören...
Diesem heute nur in ländlichen Gegenden noch unverfälschten Kindertreiben entspricht ein mehr der Zivilisation angepaßtes Verhalten in den Wohnvierteln der Großstädte. Dort sind den Jungen und Mädchen allerlei Grenzen gesetzt durch Zäune und Bauten, durch den Verkehr und die ständige Gegenwart der Erwachsenen. Sieht man von älteren Jugendlichen ab, die auf Mofas umherbrausen, sich in Diskotheken, auf Sportplätzen, mit »Walkman-Musik« oder flanierend in Fußgängerzonen tummeln, so sind aus den Indianerspielen Rad-Wettfahrten, Bolzplatzvergnügen, Skateboard-Akrobatik und stundenlanges Hocken vor dem Fernseher geworden.
Bleiben wir beim ursprünglichen Spielgebaren, so stellt sich die Frage: Sind da allein die Indianer die Vorbilder gewesen, oder ist mehr im Spiel? Ist vielleicht Angeborenes beteiligt? Sind es Erinnerungen an Urzeittage?
Sicher darf man nicht jede Verhaltensweise, die sich einschlägig verdächtig macht, kritiklos und vorschnell jenem wurzelhaft-angestammten Tun und Lassen des Menschen zuordnen. Doch lohnt es sich, die Phantasie einmal spielen zu lassen, um vielleicht doch auf ein »biologisches Radikal« zu stoßen.
Es gibt da beispielsweise den sogenannten »Wege-Zwang«. Ab und zu passiert es ja, daß wir nach Wanderungen oder Autofahrten in unbekannter Gegend zu unserem Ausgangspunkt zurückwollen. Was tun wir? Scheinbar ganz selbstverständlich schlagen wir für die Rückkehr denselben Weg ein, auf dem wir gekommen sind. Wir benutzen dazu Wegmarken und Merkpunkte, etwa auffällige Gebäude, Bäume, Gewässer und dergleichen zur Orientierung. Das ist der »bekannte Weg«, von

dem der Verhaltensforscher Jakob von Uexküll spricht. Es ist die eigene »Fußspur«, die als Gewähr für sichere Heimkehr zurückfinden läßt, vergleichbar dem Wildwechsel im Wald. Auch er führt die Tiere vom sicheren Unterschlupf zur Tränke oder zum Futterplatz und wieder zurück.

Ein anderes Beispiel: Viele Zeitgenossen verhalten sich noch immer nicht auf eine Weise, wie man es bei unserem heute so zivilisierten und gegen Gefahren aus der Natur weitgehend abgeschirmten Leben erwarten sollte. Wenn man sie etwa nachts unverhofft weckt (dafür soll es ja gelegentlich plausible Gründe geben), dann wachen sie ruckartig auf und gebärden sich anscheinend grundlos zunächst einmal aggressiv. Sie tun dies auch dann, wenn sie – etwa nach einer Absprache am Abend – auf das nächtliche Wecken vorbereitet gewesen sein mußten. Sie sind ungehalten, und es dauert einige Augenblicke, bis sie sich der Situation anpassen, bis ihre Stimmungslage sich normalisiert. Andere wachen friedlicher auf. Aber jene so schreckhaft Erwachenden mögen an Zeiten der Unsicherheit erinnern, da das Lager in der Steppe nachts überfallen werden konnte und augenblickliche Kampfbereitschaft gefordert war.

Rudolf Bilz berichtet von einem Pavian, den er in seinem Arbeitszimmer in einem Käfig hielt:

»Er erwies sich als ein Dämmerungs-Einschläfer, der seine kosmische Verbundenheit auch darin bezeugte, daß er in der Morgendämmerung von selbst aufwachte. Wenn ich mich an meinem Schreibtisch ruhig verhielt und eine Lampe neben mir stehen hatte, die nur gedämpftes Licht verbreitete, schlief er ruhig. Bei Geräuschen, etwa dem Umblättern einer Buchseite, streckte er den Kopf vor, blickte zu dem Ausgangsort des Geräusches hin, ließ aber den Kopf sofort wieder sinken und schlief weiter. Er saß in einer Hockstellung in seinem Käfig. Man könnte sagen, daß der Affe zwischen zwei Geräuschen unterschied, nämlich harmlosen Geräuschen, wenn man so sagen darf, und Gefahren-Signalen. Wenn mir ein Buch vom Schreibtisch fiel oder wenn ich unachtsam war und nachts beim Betreten des Raumes versehentlich die helle Deckenbeleuchtung einschaltete, so gebärdete sich ›Bärbel‹, das war der Name des Pavians, als ob ihr eine Gefahr drohte: Sie kreischte und versuchte zu fliehen. Alle Versuche, sie zu beschwichtigen, mißlangen, wenn sie in dieser Verfassung war...

Ich selber, so freundschaftlich mir auch ›Bärbel‹ sonst begegnete, wurde, wenn ich mich näherte, wie ein Feind behandelt.

Putativ-Notwehr! (putativ = vermeintlich, d. Verf.). Man wird zugeben, daß in der afrikanischen Heimat des Tieres tatsächlich Gefahr droht, wenn mitten in der Nacht plötzlich laute Geräusche erschallen oder helles Licht erstrahlt. Selbstverständlich kann man nicht behaupten, daß zwischen Affe und Mensch keinerlei Unterschied ist, was das Überraschungs-Aufwachen und den damit verbundenen Verteidigungs- oder Flucht-Zwang anbetrifft. Als wesentlichen Unterschied wird man die Tatsache hervorheben, daß der Mensch nur für kurze Zeit seiner Putativ-Notwehr unterliegt, nämlich während des Übergangs vom Schlafen zum Wachen, während im Verhalten des Pavians von einem anhaltenden Einraster-Status zu sprechen wäre. Der Pavian verhält sich bis auf weiteres so, als ob er in Lebensgefahr wäre. Er kann nicht wacher werden, als er jetzt ist, während beim Menschen die Stufe der kritischen Besonnenheit das Wachsein krönt. Diese höchste Stufe ist dem Tier versagt. Alsdann, wenn die menschlichen ›Aufwach-Wilden‹ hellwach sind, entfällt der barbarisch-archaische Status, während allenfalls eine leichte emotionale Verstimmung noch eine Zeitlang nachschwingen kann.«

Nicht nur nächtliches Gewecktwerden, auch Störungen vor dem Einschlafen können bei uns Menschen Urzeit-Relikte freisetzen, die ihre Parallelen bei Tieren haben. Hindert man Paviane abends daran, in den Schlaf zu finden, so werden sie unruhig und erregt. Kinder, die zwar müde sind, aber noch möglichst lange aufbleiben wollen, um nichts zu versäumen, reagieren ähnlich. Ihr Gebaren entspricht geradezu dem der Paviane. Sie wirken entweder »aufgedreht« oder unlustig. Manche geben sich unleidlich und weinerlich. Nicht selten kommt es zu Tränen. Liegen sie endlich im Bett, ist alles gut und der Schlaf kommt rasch.

Überbleibsel des Verhaltens von einst melden sich auf vielfältige Weise noch immer bei uns. Manch einer wird sich erinnern, daß er als Kind einem Fremden gegenüber zunächst eine gewisse Scheu empfand. Das Kind »fremdelt«, sagten die Erwachsenen, als müßten sie sein Verhalten entschuldigen.

Bei Tieren erlebt man ähnliches. Bringt man ein neu erworbenes Haustier, einen Hund, eine Katze, einen Vogel oder ein Meerschweinchen in die Wohnung und läßt es zu dort schon vorhandenen Artgenossen, gibt es zuweilen Streit, so daß man die Tiere gleich wieder trennen muß. Häufiger jedoch verhält sich der Neuankömmling ängstlich, scheu und zurückhaltend.

Er meidet den Kontakt mit den anderen, sucht sich zu verstekken, womöglich verweigert er die Nahrung. Offensichtlich fühlt er sich in seiner neuen Umgebung nicht wohl, obgleich es ihm an nichts fehlt. Das ist jedoch ganz natürlich, denn er kennt die anderen Tiere nicht. Sind sie ihm gut gesinnt oder feindlich? Er sieht sich ihren Blicken ausgesetzt, sie schätzen ihn ab, empfinden ihn als ungebetenen Gast, dem sie allerdings, da selbst gefangen, auch nicht einfach entgehen können. Es ist eine Situation voller Spannung, man hört es förmlich knistern. Was tut der Neue? Sicherheitshalber bleibt er im Hintergrund und ist bestrebt, nicht aufzufallen.

Die Parallele dazu beim Menschen ist das erwähnte »Fremdeln«, wie man es unverbildet vor allem noch bei Kindern erlebt. Namentlich solche, die in früher Jugend wenig Kontakt mit anderen Kindern hatten, tun sich oft schwer, mit fremden Spielgefährten vertraut zu werden oder Freundschaften zu schließen. Ihr scheues Verhalten äußert sich darin, daß sie die anderen Jungen und Mädchen zwar mit den Augen fixieren, auf die Ermunterung zum Mitspielen aber nicht eingehen. Statt dessen halten sie sich am Rock der Mutter fest, verstecken sich hinter ihr oder verbergen zumindest den Kopf in ihren Kleidern.

Soll ein solches Kind einen ihm noch unbekannten Erwachsenen begrüßen, so wird es sich vielleicht weigern, sein Händchen zu geben. Es hält die Hände trotzig auf dem Rücken. Dem verstockten Jungen, der schon älter ist und einen »Diener« machen soll, muß der Vater gegebenenfalls nachhelfen, indem er den Nacken erfaßt und den Kopf zu einer nickenden Bewegung nach vorn drückt. Andere Kinder bleiben einfach schweigsam oder flüchten in ein Versteck, um sich »unsichtbar« zu machen.

In solchem Verhalten drückt sich die früher wahrscheinlich nützliche und von der Auslese geförderte Neigung aus, Fremde für potentiell feindlich oder bedrohlich zu halten. Erst wenn die Kinder älter sind und mehr Umgang mit anderen hatten, löst sich der Bann, ohne daß er freilich ganz abhanden kommt. Er wird nur verdrängt.

Typisch ist die Situation für einen Schüler, der in eine andere Schule versetzt worden ist. Kommt er zur Klassentür herein, verstummt gleich das Geschwätz. Der Neue fühlt sich »exponiert«, neugierig betrachtet, abgeschätzt. Zwanzig, dreißig Augenpaare sehen ihn an. Es ist eine Art Spießrutenlaufen. Die Einführung in eine neue Gemeinschaft hat etwas Beunruhigendes oder gar Bedrohliches. Wie wird man ihn aufnehmen? Was steht ihm bevor? Wenn er sich eine Blöße gibt, werden ihn die schon länger untereinander bekannten Schüler verspotten. Das gleiche widerfährt dem neuen Lehrer, der vom ersten Augenblick an eine gute Figur machen muß, sonst hat er schon verspielt.

Der spät eintreffende Besucher eines Konzerts oder einer Theatervorstellung ist manchmal gezwungen, sich den schon Sitzenden zu »präsentieren«, wenn er seinen Platz in der ersten Reihe hat und ihn rasch noch erreichen will. Von Blicken verfolgt, muß er wohl oder übel durch den Seiten- oder Mittelgang nach vorn gehen, um dort »vor aller Augen« seinen Stuhl zu finden. Unsichere Naturen bringen das möglichst schnell hinter sich. Sie vermeiden es, an Ort und Stelle noch einmal aufzublicken oder sich gar voll aufgerichtet den vielen Augenpaaren im Saal zu zeigen.

Scheu und Schüchternheit als biologisches Radikal? Lediglich Selbstsichere wie Vortragsredner, Musiker, Schauspieler und andere, die die »Öffentlichkeit« gewohnt sind, irritiert eine solche Situation wenig. Sie genießen sogar das Angeblickt- und womöglich Erkanntwerden. Sie gefallen sich darin, »angesehen« zu sein oder sich dafür zu halten.

Allerdings geben viele Vertreter dieser Menschenkategorie solche Selbstsicherheit auch nur vor. Zumindest vor öffentlichen Auftritten, wenn sie auf die Bühne oder anderswo ins Rampenlicht müssen, befällt sie ein nicht zu verdrängendes Lampenfieber. Auch das Lampenfieber ist, wie die Prüfungsangst vor dem Examen, das »den ganzen Mann« oder »die ganze Frau« fordert, ein Relikt aus alten Tagen. So, wie es damals darauf ankam, eine gefährliche Situation zu meistern und alle Kräfte dafür zu mobilisieren, so auch heute noch: Der Auftritt des Schauspielers muß gelingen, die Prüfung muß bestanden werden, sonst leidet das Selbstbewußtsein, sonst ist man »unten durch«.

Der Durchschnittsbürger erlebt häufig andere Situationen. In seinem Leben gibt es Augenblicke, in denen er gern eine Tarnkappe aufsetzen würde, um nicht gesehen zu werden, selbst aber alles genau beobachten könnte. Während meiner Studentenzeit wohnte ich vorübergehend bei einer Zimmerwirtin, die außen an ihrem Wohnzimmerfenster einen sogenannten »Spion« befestigt hatte. Es handelte sich um einen rechteckigen Spiegel, der es ihr erlaubte, von ihrem Lehnstuhl aus die Vorgänge auf der Straße zu verfolgen, ohne dazu ans Fenster treten zu müssen. Ich erinnere mich, wie sie mich spitzbübisch auf diese Einrichtung aufmerksam machte. Allerdings stillte der »Spion« ihre Neugier nur notdürftig, denn er machte die Straße nur nach einer Richtung hin einsehbar. Sie kam also auf die Idee, sich einen Doppelspiegel in geeigneter Winkelstellung anbringen zu lassen, was alsbald auch geschah. Nachdem sie ihren Lehnstuhl um einige Zentimeter versetzt hatte, konnte sie die Straße nun bequem in beiden Richtungen kontrollieren, ohne dabei selbst gesehen zu werden.

Früher nutzte die Justiz die verbreitete Scheu davor, neugierig betrachtet oder gar angestarrt zu werden, als Mittel des Strafvollzugs, nämlich in Gestalt des »Prangers«. Der oder die Verurteilte wurde – womöglich mit geschorenem Kopf und in Sackleinen gesteckt – in einen weithin sichtbaren Holzkäfig gesperrt und erhöht auf dem Marktplatz der gaffenden, spottenden und mit Beschimpfungen nicht sparenden Menge »zur Schau« gestellt. Jeder sollte den Übeltäter sehen und dieser sollte den Volkszorn spüren – eine vor allem für sensible Gemüter empfindliche Sühne.

Heute übernehmen Fernsehen und Presse die Rolle des Prangers, wenn es darum geht, einen Beklagten der Öffentlichkeit vorzuführen. Der namentlich Genannte und Gezeigte wird durch die Veröffentlichung vor einem wesentlich breiteren Publikum »angeprangert«, wenn er sich nicht gerade eine Zeitung vor das Gesicht hält. Andererseits bringt die bildliche Darstellung und das »Namhaftmachen« den verdienstvollen Mitmenschen Anerkennung und Bewunderung ein. Zwei Seiten einer Medaille also: das Negativ-Image oder die zu schätzende Person, je nachdem, welcher Text das Konterfei begleitet.

Vielleicht erscheint es hergeholt, aber von berühmten oder bedeutenden Menschen sagt man, sie genössen »hohes Ansehen«. Auch diese Redewendung läßt Rückschlüsse auf einst zu. Wer hoch »oben« saß, war weniger gefährdet. Wer sich etwa auf einen Baum flüchten konnte, sah sich vor allfälligen Feinden einigermaßen sicher. Zumindest war er sicherer, als würde er ebenerdig zum Kampf gestellt. »Oben«, das war gleichbedeutend mit »unangreifbar«, vergleichbar der Katze auf einem Baum, die gelassen auf den unten kläffenden Hund hinabblickt. »Oben«, das bedeutete zugleich »herausgehoben aus der Masse«, so wie der König auf seinem erhöhten Thron, zu dem es sich »aufzusehen« geziemt.

Dem Blick-Kontakt als Mittel zur Einschätzung, Einschüchterung oder Bewunderung entspricht der Blick zur Absicherung. Man beobachte einmal Menschen beim Essen, besonders wenn sie in einem Restaurant allein an einem Tisch sitzen und von anderen Gästen umgeben sind.

Einzeln essende Menschen neigen zu einem eigenartigen Gebaren, dem der flüchtige Beobachter meist gar keine Bedeutung beimißt. Nicht nur, daß sie gewöhnlich schneller essen, als wenn sie mit anderen zusammensitzen oder in ihrer »schutzbietenden« häuslichen Umgebung sind. Sie lassen auch immer wieder ihre Blicke in die Umgebung schweifen. Es scheint etwas wie Argwohn in diesen Blicken zu liegen, als müßten sie in gewissen Abständen kontrollieren, ob sie jemand beobachte. Oft geht der Blick nur aus den Augenwinkeln kurz nach links oder rechts, unvermittelt kommt er auch von unten, wenn sie den Kopf über den Teller neigen und die Gabel zum Munde führen. Dieses Verhalten endet jedoch meist, sobald die Betreffenden mit dem Essen fertig sind und sich eine Zigarette anzünden oder eine Zeitung vornehmen. Gleichsam entspannt sich dann die Psyche, als wäre eine Gefahrensituation glücklich überstanden.

»Sichernd« blicken auch viele Tiere umher, während sie fressen. Man kann es bei Greifvögeln beobachten, wenn sie ihre Beute kröpfen, oder bei Katzen, wenn man sie im Freien füttert. Man erlebt es bei Spatzen, die vor einer Parkbank hingestreute Körner aufpicken. Immer wieder blicken sie auf, um sich zu vergewissern, ob auch keine Gefahr droht. Essen und Trinken sind in freier Wildbahn verwundbare Situationen, daher müssen sie möglichst rasch abgewickelt werden. Wer einmal beobachtet hat, wie eine Katze aus einem Gebüsch heraus blitzartig eine aufstiebende Spatzenschar attackiert, weiß, wovon die Rede ist.

Besonders bezeichnend verhalten sich Steppentiere an einem Wasserloch. Tränken sind von vielen Tieren regelmäßig aufgesuchte Plätze und entsprechend ideal für Raubtiere zum Beutemachen. Nahezu alle dort trinkenden Tiere mit Ausnahme vielleicht der großen Raubkatzen sind sich offenbar ihrer erhöhten Verwundbarkeit in diesen Minuten bewußt und verhalten sich danach. Sie blicken in kurzen Abständen auf und sehen sich um. Sie sichern nach allen Seiten, vergewissern sich ihres Fluchtweges und spähen nach Feinden. Es ist ein Phänomen, das gewissermaßen rudimentär auch in uns Menschen noch existiert.

Apropos »Fluchtweg«: Erstes Gebot für alle Sicherheitsbeamten, die in gefährlicher Mission in ein unbekanntes Gebäude eindringen, oder für Soldaten, die sich in feindlichem Gelände bewegen, ist es, sich den Rückzugsweg offen zu halten. Wir alle kennen den leisen Schauder, der uns ergreift, wenn der Filmheld auf der Suche nach seiner entführten Geliebten in das Haus der Verbrecher eindringt und – das Wimmern der Gefangenen schon im Ohr – plötzlich eine Tür hinter ihm zuschlägt.

Dazu wieder ein kleines persönliches Erlebnis. Ich konnte einmal eine scheue streunende Katze in unsere ebenerdige Küche locken. Vorsichtig um sich spähend folgte sie mir, als ich sie mit Fleischresten auf einem Teller köderte, ins Wohnzimmer nach. Doch geschah dies seltsam etappenweise. Immer wieder blieb die Katze stehen und wandte sich nach der offenstehenden Terrassentür um. Unverkennbar vergewisserte sie sich, ob die Tür tatsächlich noch offen stand und der Rückzug garantiert war. Selbst ihre Gier, mit der sie dann das Fleisch herunterschlang, hinderte sie nicht, sich immer wieder sichernd nach jener Tür umzusehen.

Dieselbe Katze besuchte uns in den nächsten Tagen noch öfter und wurde allmählich zutraulicher. Da die Terrassentür immer offen blieb, verlor sie bald jede Scheu und ging sogar dazu über, das Wohnzimmer zu inspizieren, indem sie kleine Vorstöße in die verschiedenen Ecken und Winkel wagte. Als ich, in der Küche stehend, bei einer solchen Gelegenheit die Tür einmal vorsichtig schloß, war sie sofort zur Stelle, setzte sich kläglich miauend davor und verlangte, hinausgelassen zu werden.

In einem anderen Fall verlief ein ähnliches Experiment weniger glimpflich. Es handelte sich um einen stattlichen, ziemlich verwilderten Kater, der das Türeschließen ausgesprochen übel nahm. Er führte uns vor, wozu Katzen in solchen Situationen fähig sind. Erst sprang er an der Gardine hoch und zerfetzte sie, dann fegte er Tassen und Teller vom Küchentisch. Fauchend und mit angelegten Ohren hockte er sich schließlich in eine Ecke, offenbar bereit, jedem mit seinen Krallen eine weitere Lektion zu erteilen, der ihm zu nahe kam. Wie rasch die Tür nach dieser Schaunummer wieder offen war, kann man sich vorstellen.

Das Verhalten jenes Katers entsprach übrigens auch ganz demjenigen anderer Tiere in ähnlichen Situationen der Ausweglosigkeit, über das wir gesprochen haben, etwa von Ratten, die, in die Enge getrieben, die »Flucht nach vorn« zwischen den Beinen ihrer Verfolger hindurch riskieren. Es leitet aber auch über zum nächsten Kapitel, das die Wurzeln der Aggression behandelt.

»Willst du nicht mein Bruder sein...«

Sind Aggressionen Wildheitsrelikte? Sind auch sie, die Angriffslust, die Neigung zur Gewalttat, die Spielarten der Selbstbehauptung bis hin zur Grausamkeit erblich verankerte Überbleibsel aus Urzeittagen? Oder ist es die Umwelt, die einen Menschen aggressiv macht?

Folgt man der Bibel, so spricht die erste aktenkundig gewordene Zornestat eher für Erbliches. Denn als Kain, der erstgeborene Sohn Adams und Evas, seinen Bruder Abel erschlug, konnte er schwerlich schon unter Zivilisationseinflüssen gelitten haben. Dieser für die Kritiker der Verhaltensforscher womöglich unerbauliche Hinweis sei hier nicht weiter vertieft, die betreffende Bibelstelle aus 1. Moses 4, 1–8, aber wenigstens zitiert: »1. Und Adam erkannte sein Weib Eva, und sie ward schwanger, und gebar den Kain, und sprach: Ich habe einen Mann gewonnen mit dem Herrn. 2. Und sie fuhr fort, und gebar Abel, seinen Bruder. Und Abel ward ein Schäfer; Kain aber ward ein Ackermann. 3. Es begab sich aber nach etlicher Zeit, daß Kain dem Herrn ein Opfer brachte von den Früchten des Feldes; 4. Und Abel brachte auch von den Erstlingen seiner Herde und von ihrem Fett. Und der Herr sah gnädiglich an Abel und sein Opfer. 5. Aber Kain und sein Opfer sah er nicht gnädiglich an. Da ergrimmte Kain sehr, und seine Gebärde verstellte sich... 8. Da redete Kain mit seinem Bruder Abel. Und es begab sich, da sie auf dem Felde waren, erhob sich Kain wider seinen Bruder Abel, und schlug ihn tot.«

Zu welchen Exzessen der Aggression der heutige Mensch fähig ist, welche kaum vorstellbaren Gewalttaten der uns überkommene Trieb auslösen kann, darüber liest man schreckliche Geschichten beinahe täglich in der Zeitung.

Da fährt ein als freundlich und zuvorkommend bekannter Buchhalter eines Tages mit seinem Kleintransporter an einem Polizeirevier vor. Den Beamten erklärt er, soeben seine Frau nach einem Streit ermordet und anschließend zerstückelt zu haben. Die Leichenteile lägen in einer Kühltruhe draußen im Transporter...

Da schießt ein bislang unauffälliger Amerikaner von einem Hochhaus blindlings in die ahnungslose Menge und tötet zahlreiche Passanten, bevor er von der Polizei überwältigt werden kann. Da wird Amok gelaufen, gemordet und gefoltert – die Liste der Gewaltverbrechen ist ohne Ende. Nach einer Statistik, auf die sich der amerikanische Psychiater Friedrich Hacker beruft, ist in den letzten 150 Jahren in Kriegen, bei Polizeiaktionen, Zusammenstößen und Verbrechen »jede Minute des Tages und der Nacht ein Mensch von einem anderen umgebracht worden«. In dem halben Jahrhundert zwischen 1914 und 1964, als sich die durchschnittliche Lebenserwartung verdreifachte und zwei Weltkriege stattfanden, sei die Pause zwischen den Morden sogar auf etwa 20 Sekunden zusammengeschrumpft.

Nach einer Meldung der Nachrichtenagentur Reuter vom 25. April 1989 sollen in Rio de Janeiro, der »gewalttätigsten Stadt der Welt«, allein an dem vorangegangenen Wochenende nicht weniger als 70 Menschen ermordet worden sein.

Das mag erschüttern, doch das eigentlich Bemerkenswerte liegt woanders. Hacker schreibt:

»Diese und ähnliche Statistiken haben längst ihre Schockwirkung verloren. Die erschreckendste Dimension der modernen Brutalisierung ist nicht das immer häufiger werdende Aufflakkern individueller und kollektiver Gewalt (meist nach geplantem Schüren und Anfachen), sondern deren zunehmende Gewöhnlichkeit und Gewohnheit. Gewalt ist zum alltäglichen, natürlichen, trivialen Ereignis, zur banalen Bagatelle geworden und beansprucht in unserem Denken und Fühlen das Gewohnheitsrecht traditioneller Unvermeidlichkeit. Wir sind bereits derart abgestumpft, daß es bedeutender Gewalteskalation oder besonders dramatischer Brutalitätsakte bedarf, um uns aus unserer, der vermeintlichen Ohnmacht entspringenden, dumpfen Gleichgültigkeit aufzuschrecken ...

Rapid hinaufschnellende Kriminalität, Folter und Tortur, Geiselentführung und mitleidlose Erpressung, Massenvertilgung und Genozid werden als zur Tagesordnung gehörend (denn Ordnung muß sein) hingenommen, als wären sie Naturkatastrophen wie Überschwemmungen oder Erdbeben. In der Kenntnis und gleichzeitigen Nichtzurkenntnisnahme welterschütternder, apokalyptischer Ereignisse, die nicht eben geschehen und passieren, sondern herbeigeführt und gesteuert werden, drückt sich die Ungeheuerlichkeit der alten und dennoch sehr zeitgenössischen Weigerung aus, Aggression ins Bewußtsein treten zu lassen.«

Die nicht selten in Handgreiflichkeiten ausartenden Emotionen von Zuschauern bei Fußballspielen haben wir erwähnt. Bemerkenswert ist, daß oft genug auch die Familien noch unter der aufgeheizten Stimmung der heimkehrenden Männer zu leiden haben. Ein siebenköpfiges britisches Ärzteteam unter Leitung des Psychiaters John Harrington hat das Phänomen untersucht und dazu unter anderem 1753 Fußballfans, 72 Polizisten und Mitglieder von 91 Fußballklubs befragt. Das Ergebnis der viermonatigen Recherchen legte man dem Sportministerium vor.

Wenn die favorisierte Mannschaft des Ehemanns verloren habe, bezöge nicht selten die Ehefrau von ihm Prügel, verrät der Bericht. Auch die Kinder wüßten, was die Glocke geschlagen habe, wenn der wütende Vater türenknallend nach Hause kommt. So manche Ehefrau sähe den Fußballplatz-Besuchen ihres Angetrauten mit Schrecken entgegen.

Viele Männer auch fortgeschrittenen Alters, die zu Hause und am Arbeitsplatz ruhig und fleißig sind, liest man weiter, machten am Samstagnachmittag auf dem Sportplatz eine Persönlichkeitsveränderung durch. Die Betreffenden rissen den Mund auf, ihre Augen weiteten sich und die Hände schössen hoch. Bei vorgerecktem Kopf würden gellende Schreie ausgestoßen. Mit den Fäusten werde getrommelt, die Fans der gegnerischen Mannschaft würden blindwütig attackiert. Man sänge vulgäre Lieder und schriee ordinäre Beschimpfungen aufs Fußballfeld. Viele sonst unauffällige und besonnene Menschen wandelten sich in diesen Stunden zu Rabauken, die nicht nur auf dem Sportplatz, sondern anschließend auch noch zu Hause zu brutalen Ausfällen neigten.

Nicht unbedingt muß sich aggressives Verhalten gegen andere richten. Auch Selbstmorde gehören hierher, die Gewalt gegen das eigene Leben. Einer der spektakulärsten Fälle dieser Art, bei dem die Täter zugleich die eigenen Opfer gewesen sind, spielte sich im Herbst 1970 in Japan ab.

Hauptakteur jenes mörderischen Rituals war Yukio Mishima, ein japanischer Dichter, Schauspieler und Anführer einer kleinen rechtsextremen militärischen Einheit von rund hundert Mann. Sein Kampf galt der Verweichlichung der Japaner durch westliche Einflüsse und ihrer Genußsucht.

So präparierte er sich in eiserner Selbstzucht für sein Ziel, die militärische Stärke des Landes nach dem verlorenen Krieg zurückzugewinnen und die alten Tugenden der Samurai-Krieger wieder erstehen zu lassen. Doch der Erfolg blieb ihm versagt. Alle seine Appelle an das japanische Volk, die er auf der Bühne, in seinen Schriften und in Ansprachen mit leidenschaftlicher Hingabe vorgetragen hatte, fruchteten nichts. Bei seinen Auftritten verlachte man ihn. Da entschloß er sich, durch einen aufsehenerregenden rituellen Doppelselbstmord mit seinem Freunde Morita, ein letztes Fanal zu setzen. Es begann damit, daß Mishima an einem sonnigen Tag im Herbst mit Morita und drei seiner Getreuen beim Truppenkommandeur in Tokio vorsprach und vor den Truppen zu sprechen wünschte. Als ihm dies verweigert wurde, fesselte er mit Hilfe der anderen den Kommandeur, einen General, auf einem Stuhl. Es gelang den fünf Verschworenen, die zu Hilfe eilenden Wachen abzuwehren, so daß Mishima schließlich doch vom Balkon eine flammende Rede an die vor dem Gebäude versammelten Soldaten halten konnte. Er forderte sie auf, den »entwürdigenden« Friedensvertrag zu mißachten und sich der japanischen Tradition wieder zu erinnern. Mit einer flatternden, Chrysanthemen-geschmückten Stirnbinde nach Samuraiart und weißen Handschuhen gestikulierte er auf dem Balkon, er schrie in die Menge, erntete aber nur Gelächter. Zudem verstanden ihn nur wenige, da die Sprechanlage abgeschaltet worden war. Darum hörte er bald wieder auf und ging mit seinen Begleitern zurück ins Zimmer des gefesselten Generals. Dort kündigte er angesichts der Erfolglosigkeit seiner Bemühungen einen »Opfertod« an.

Der General auf dem Stuhl rief ihm noch zu: »Seien Sie doch nicht verrückt!« Aber das beeindruckte Mishima nicht mehr. Mit dem Ruf »Es lebe der Kaiser!« stieß er sich ein Kurzschwert in die linke Bauchseite. Unmittelbar darauf schlug ihm sein Vertrauter Morita als »Exekutor« mit einem zweiten Schwert den Kopf ab. Dies geschah, wie es später hieß, »bevor der unerträgliche Schmerz Mishima demoralisieren konnte« und ohnmächtig werden ließ.

Nach dieser grauenvollen Hinrichtung kniete sich Morita hin und beging vor den Augen des erstarrten Garnisonskommandanten seinerseits Harakiri mit einem Kurzschwert. Anschließend ließ er sich von einem hinter ihm stehenden Freunde mit dessen Schwert enthaupten. Die drei überlebenden Männer salutierten und ergaben sich widerstandslos den inzwischen verstärkten Wachmannschaften.

»Die Taten von Wahnsinnigen«, kommentierten japanische Politiker den rituellen Doppelselbstmord. Tatsächlich war es ein Akt extremer Autoaggression, ausgelöst durch langjährige verzweifelte, aber vergebliche Bemühungen Mishimas und seiner Freunde, ihrer Überzeugung Gehör zu verschaffen. Hinzu kam schonungslose Selbstdisziplin.

Wenn auch die japanischen Selbstmörder in diesem Fall als Verrückte galten, so sind Selbstmörder keineswegs grundsätzlich geistesgestört. Viele aufrechte Männer und Frauen, die sich aus Protest gegen ein politisches System, gegen Umweltzerstörung oder persönlich zugefügtes Unrecht selbst töten, zeigen das zur Genüge. Aber auch Aggressionen gegen andere sind nicht immer als verwerflich, schädlich oder böse anzusehen. Tugenden wie das Sich-wehren-können, die Wettkampfbereitschaft oder, wenn die Situation es erfordert, auch der ungestüme Angriff können durchaus sinnvoll, ja lebensrettend sein.

Das gilt nicht zuletzt für die innerartliche Aggression, das Spielenlassen der Kräfte zwischen Lebewesen derselben Art. Solche Kämpfe erfüllen letztlich einen wichtigen Zweck, und eine der Ursachen ist der Überlebenswille. Wie ist das zu verstehen?

Bekanntlich braucht jedes Lebewesen zum Auskommen in seinem Wohnraum bestimmte Ressourcen, und wo diese knapp werden – zum Beispiel, weil die Individuenzahl wächst –, da entsteht eine Konkurrenzsituation. Ein begrenztes Biotop (und begrenzt sind sie alle) kann nur eine begrenzte Zahl von Lebewesen beherbergen und ernähren, und wenn es immer mehr werden, dann reduziert der »Kampf ums Dasein« die Zahl auf ein tragbares Maß. Anders ausgedrückt: Die Natur paßt die Zahl der Lebenden den vorhandenen Lebensgrundlagen mehr oder weniger gewaltsam an. Es finden Kämpfe statt, bei denen der besser Geeignete obsiegt und den weniger gut Angepaßten verdrängt, Kämpfe um Nahrung und Wasser, um den artgemäßen Lebensraum und – unter den Männchen – um die Gunst der Weibchen. Gekämpft wird um die Vorherrschaft innerhalb einer Gruppe, eines Rudels, einer gesellig lebenden Tierschar. Dem aufgrund seiner Stärke und Umsicht akzeptierten »Alphatier« gebührt das Vorrecht, sich zuerst an der Beute zu sättigen und sich mit den Weibchen zu paaren. Dabei kann es durchaus auch um aggressive und sogar tödlich endende Handlungen gehen. Man denke an die Tötung von Nachkommen durch die Elterntiere bei nicht artgerechter Käfighaltung oder unter Pferchungsbedingungen.

Es geht aber auch ohne Kampf. Und diese Art der »Auslese des Tauglichsten« in aggressiver Stimmung herrscht sogar bei weitem vor. Was dann stattfindet, sind bloße Scheingefechte.

Da mißt man seine Kräfte oder trägt bestimmte Rituale aus, ohne daß es zur Tötung kommt. Bei Wölfen unterbleibt der tödliche Biß in die Halsschlagader des Rivalen, wenn dieser die Unterwerfungsgeste macht und – am Boden auf dem Rücken liegend – dem Sieger seinen Hals hinstreckt. Der Unterlegene wird nur in seine Schranken verwiesen, bestenfalls aus dem Revier verdrängt. Seine Fortpflanzung wird erschwert oder verhindert.

Entsprechendes gilt für die Rivalenkämpfe der Hirsche, die sich mit ihren Geweihen nicht töten, sondern in »Schiebekämpfen« um die weiblichen Tiere und die Herrschaft im Revier wetteifern. Es gilt ebenso für die Kommentkämpfe unter Schlangen ohne Einsatz der Giftzähne, und für die Turnierkämpfe der Meerechsen, die Eibl-Eibesfeldt in seinem Buch ›Galapagos‹ anschaulich geschildert hat.

Da bei allen diesen Kampfhandlungen immer auch eine wenngleich beherrschte Aggression im Spiel ist, denkt man zwangsläufig an das »Überleben des Stärkeren« in der Natur, jenes von vielen mißverstandene Schlagwort, das immer wieder Zündstoff für ideologische Streitgespräche liefert. Und nicht nur dem »Kampf ums Dasein« gilt die Kritik, bei dem angeblich der Stärkere siegt, sondern Charles Darwin als dem Vater der Abstammungslehre ganz allgemein. Besonders kirchliche und andere glaubensbefangene Kreise sahen sich betroffen und blieben bis heute bei ihrer ablehnenden Haltung, denn mit dem Erscheinen von Darwins berühmtem Werk ›Die Entstehung der Arten‹ (1859) war die bis dahin unangefochtene Lehre von der göttlichen Schöpfung aller Lebewesen in ihren Grundfesten erschüttert. Wer Darwin folge, so hieß es, leugne die Geschichte von Adam und Eva und behaupte, daß zottige Affen mit schlechten Manieren die Urahnen des Menschengeschlechts seien. Eine derart unwürdige Vergangenheit der »Krone der Schöpfung« zu unterstellen, sei Blasphemie und eine Todsünde.

Dabei hatte Darwin nur zwangsläufige Schlüsse aus einer erdrückenden Fülle von Beobachtungs- und Tatsachenmaterial gezogen. Die von ihm und vielen anderen Biologen nach ihm, wie Thomas Huxley, Ernst Haeckel, Theodosius Dobzhansky, Ernst Mayr, Bernhard Rensch, Reinhard W. Kaplan und Richard Dawkins, erkannten Zusammenhänge ließen keinen Zweifel, daß die ungezählten Lebensformen auf der Erde nicht das Ergebnis eines Schöpfungsaktes gewesen sein konnten, sondern sich in Jahrmillionen aus jeweils einfacheren Vorstufen nach dem Prinzip von Mutation und Selektion entwickelt hatten (wenn auch Darwin das Mutationsgeschehen nur erst ahnte). Daß dabei auch viele Verhaltensweisen, so auch bestimmte Formen der Aggression, mitvererbt worden sind, verstand sich von selbst. Evolution also statt Kreation. Damit behauptete zwar niemand, daß der Mensch von den heute lebenden Affen abstamme, wohl aber ergab sich, daß er menschenaffenähnliche Vorfahren hatte, unter ihnen den in Afrika heimisch gewesenen Australopithecus.

Heute ist die Abstammungslehre eine der festgefügtesten Theorien in der Biologie überhaupt, doch damals schlugen die Wogen hoch. Unerbittlich attackierte man den englischen Wissenschaftler, kaum daß sein Buch auf dem Markt war. Der englische Bischof Wilberforce fragte einmal den darwinfreundlichen Biologen Thomas Huxley ironisch, ob er wohl väterlicher- oder mütterlicherseits vom Affen abstamme. Heute noch hält sich verbreitet die Vorstellung von Adam und Eva als Stammeltern des Menschengeschlechts. Insbesondere aber verkennen viele ideologisch verhaftete oder im Glauben festgelegte Zeitgenossen Darwins Ausdruck »struggle for life«. Sie verstehen ihn so, als habe Darwin behauptet, im »Kampf ums Dasein« setzten sich die Stärkeren gegen die Schwächeren mit brutaler, aggressiver Gewalt durch, gegebenenfalls auch, indem sie diese töteten. Dieses Mord- und Totschlagbild seiner Theorie hielt sich hartnäckig als eines der großen Mißverständnisse, es wurde sogar zum Anlaß verhängnisvoller Ideen vom »Recht des Stärkeren«, das Darwin angeblich nachgewiesen haben sollte.

Die Wahrheit ist, daß Darwin den Ausdruck »struggle for life« im Sinne eines Konkurrenzkampfes verstanden hatte. Tatsächlich ist ja der »Wettbewerb der Erbmerkmale« um den jeweils größeren Auslesevorteil auch ein vorwiegend friedliches Geschehen, dessen Ergebnis mehr oder weniger gute Fortpflanzungschancen sind. Und diese wieder wirken sich so aus, daß weniger geeignete Individuen einer Art von den besser Angepaßten zahlenmäßig allmählich verdrängt werden und unter Umständen auch aussterben.

Zwar läßt sich einwenden, das Getötetwerden spiele bei der Auslese der Tauglichsten doch noch eine gewisse Rolle. Beim Angriff des Bussards auf zwei spielende Junghasen geht es ja durchaus um Leben und Tod. Versetzen wir uns einmal in die Lage der umhertollenden Langohren auf dem Feld. Der Greifvogel hat die beiden aus der Luft erspäht und setzt zum Angriff an. Einer der beiden Hasen mag den herabstoßenden Vogel um Sekundenbruchteile eher bemerken. Im letzten Augenblick gelingt es ihm, hakenschlagend in den Bau zu entwischen. Der andere hingegen fällt dem Bussard zum Opfer, weil er eine Spur unachtsamer war. Findet hier nicht doch ein brutaler Daseinskampf auf Gedeih und Verderb statt?

Es scheint nur so! Denn man muß unterscheiden zwischen dem auslesenden Vorgang durch den tötenden Bussard und dem Wettbewerb der Erbmerkmale, der sich allein zwischen den beiden Junghasen abspielt. Der achtsamere Hase überlebt. Er hat damit die Chance, seine vorteilhafte Anlage weiter zu vererben, während der unachtsame Artgenosse an der Weitergabe seiner Anlagen gehindert wird. Nicht die Hasen kämpfen, sondern die Umwelt – hier der Bussard – führt die Auslese durch.

Dieses Beispiel mag ein weiteres Mißverständnis ausräumen, dem die Abstammungstheorie in der Biologie häufig begegnet. Es zeigt nämlich, daß die Auslese, die Selektion, im Grunde richtungslos oder, wenn man so will, planlos wirkt. Denn der einzige Ansatzpunkt, den sie hat, sind ja die ihrerseits richtungslos auftretenden Erbabweichungen oder Mutationen (hier die unterschiedlich aufmerksamen Hasen), während der Maßstab, nach dem sie selektiert, wiederum nur die gerade herrschenden Umweltverhältnisse sind (hier der jagende Bussard). Ebensogut könnte das Klima oder das Nahrungsangebot der auslesende Umweltfaktor sein.

So ist zu schließen: Die Lebewesen unseres Planeten sind zwar keine Zufallsprodukte, aber sie sind auch keine Ergebnisse eines erlauchten Planes, der von Anfang an mit dem Ziel bestanden haben könnte, den Menschen hervorzubringen, so hilfreich für den Seelenfrieden mancher diese Vorstellung auch sein mag. Alles deutet vielmehr darauf hin: Wir Menschen und mit uns die Welt des Lebendigen sind das Resultat ungezählter Augenblicksentscheidungen, die ohne jede »Voraussicht« stattfanden. Wir alle sind von Kräften geschaffen worden, die gar nicht anders konnten, als für die jeweilige Gegenwart zu wirken. Daß es unter diesen Umständen zur Evolution und zur Höherentwicklung der Arten kam, mag zwar überraschen, leuchtet aber ein, wenn man das Prinzip von Mutation und Auslese richtig verstanden hat.

Die gute und die böse Aggression

So wichtig der Streit um Darwin in der Auseinandersetzung um das Aggressionsproblem auch sein mag, er verführt auch zum Abschweifen. Festzuhalten bleibt, daß der Aggressionstrieb zumindest teilweise auf Erbanlagen zurückgeht. Das ist nicht verwunderlich. Denn nur so versteht man jene Verhaltensweisen, die wir bei Menschen und Tieren in Situationen der Bedrohung, der Angst oder Herausforderung erleben. Dabei ist dieser Trieb keineswegs so übermächtig, daß er – was den Menschen betrifft – nicht beherrscht werden könnte. Auch unseren Eßtrieb können wir zügeln, so unterschiedlich dies im Einzelfall auch gelingen mag.

Hier und da hört man das Argument, die menschliche Aggression sei kulturell beziehungsweise zivilisationsbedingt, die der Tiere dagegen als instinktive Eigenschaft zu verstehen. Der holländische Zoologe und Verhaltensforscher Frans de Waal, dem wir ein aufschlußreiches Buch über die Versöhnungsbereitschaft bei den Menschenaffen verdanken, äußert sich dazu mit einem Vergleich:

»Es ist, als versuche man zu entscheiden, ob Pitbullterrier (verantwortlich für einundzwanzig Tode, verursacht durch Hundeangriffe in den USA zwischen 1983 und 1987) so gefährlich sind, weil ihre Grausamkeit angeboren ist oder infolge der Behandlungsweise durch ihre Besitzer. Unstreitig spielen sowohl die Gene als auch das Training eine Rolle; es ist nur einfach leichter, einen Pitbullterrier in eine Todesmaschine zu verwandeln als einen Golden Retriever. Eine entsprechende Argumentationsweise gilt für die menschliche Aggression. Jedes Kind wird mit dem Potential, aggressives Verhalten zu entwickeln, geboren – und bei einigen Kindern ist dieses Potential wahrscheinlich ausgeprägter als bei anderen –, doch das konkrete Ergebnis hängt von der Umgebung des Kindes ab. Wenn also Ethologen behaupten, daß die Menschen eine aggressive Natur besitzen, dann meinen sie, daß Angehörige unserer Spezies aggressives Verhalten ziemlich leicht erlernen. Dies ist nicht dasselbe, als wenn man sagt, daß das Auftreten von Gewalt und Krieg außerhalb unserer Kontrolle liegt. Es gibt reichlich Spielraum für die Kultur, Einfluß zu nehmen: beides, Gewalttätigkeit und Gewaltlosigkeit, können gelehrt werden.«

Merkwürdigerweise sind die Verhaltensforscher wegen ihrer Auffassungen über die Aggression immer wieder heftig angegriffen worden. Es wird ihnen unterstellt, sie behaupteten, die menschliche Aggressivität erkläre und rechtfertige die Gewalt, da jene unserer tierischen Herkunft entspringe und erblich verankert sei. Denn gegen das Angeborene seien wir ja machtlos. Sie sehen sich damit noch immer jenen Vorwürfen ausgesetzt, die seinerzeit zu Recht gegen die Wahnvorstellungen von einer kraftvollen und auserwählten nordischen Rasse erhoben worden sind.

Dabei ist gerade das Gegenteil der Fall, und um zu zeigen, wie polemisch der Streit zuweilen geführt wird, seien zwei Zitate bedeutender Aggressionsforscher gegenübergestellt. Konrad Lorenz untersucht in seinem Buch ›Das sogenannte Böse‹ die stammesgeschichtlichen Hintergründe des Aggressionstriebes und schreibt:

»Wir haben guten Grund, die intraspezifische Aggression (die innerartliche, d. Verf.) in der gegenwärtigen kulturhistorischen und technologischen Situation der Menschheit für die schwerste aller Gefahren zu halten. Aber wir werden unsere Aussichten, ihr zu begegnen, gewiß nicht dadurch verbessern, daß wir sie als etwas Metaphysisches und Unabwendbares hinnehmen, vielleicht aber dadurch, daß wir die Kette ihrer natürlichen Verursachung verfolgen. Wo immer der Mensch die Macht erlangt hat, ein Naturgeschehen willkürlich in bestimmter Richtung zu lenken, verdankt er sie seiner Einsicht in die Verkettung der Ursachen, die es bewirken.«

Trotz dieser unmißverständlichen Aussage erklärte der Sozialpsychologe Erich Fromm in einem Interview der Zeitschrift ›Bild der Wissenschaft‹ vom November 1974:

»Was könnte für Menschen..., die sich fürchten und die sich unfähig fühlen, den zur Zerstörung führenden Lauf der Dinge zu ändern, willkommener sein als die Theorie von Konrad Lorenz, daß die Gewalt aus unserer tierischen Natur kommt und einem *unzähmbaren* Trieb zur Aggression entspringt.« (Hervorhebung durch den Verf.)

Dabei hätte es gerade Fromm nicht nötig gehabt, Lorenz mit seiner Bemerkung so offenkundig zu brüskieren, denn er hat selbst zum Aggressionsproblem viel Nachdenkenswertes beigetragen. So unterscheidet er sicher zu Recht verschiedene Arten der Aggression. Nach Fromms Auffassung gibt es einerseits die biologisch angepaßte »gutartige« Aggression, zum andern aber auch die »bösartige«, und daneben einige Unterarten.

Die gutartige Aggression diene dem Überleben der Art und des Individuums, sie sei die »Antwort auf die Bedrohung vitaler Interessen des Tieres«. Der Mensch habe sie mit dem Tier gemeinsam, doch werde sie beim Menschen häufiger geweckt. Den Grund dafür sieht Fromm darin, daß der Mensch sich nicht nur aktueller Gefahrensituationen bewußt werde, sondern auch künftige voraussehen und sich durch sie bedroht fühlen könne.

Da nun aber die Geschichte des Menschengeschlechts voller Grausamkeiten und Zerstörungen ist, müsse beim Homo sapiens noch etwas anderes wirken als beim Tier, meint Fromm. Diese zusätzliche, nicht als Antwort auf Bedrohung aufzufassende Aggression sei auf die »Charakterstruktur« des Menschen zurückzuführen. Fromm meint, »daß die Destruktivität und Grausamkeit des Menschen nicht aus seinem tierischen Erbe oder aus einem destruktiven Instinkt zu erklären ist, sondern daß sie auf Faktoren zurückzuführen ist, durch die sich der Mensch von seinen tierischen Ahnen unterscheidet«. Er geht auch gleich noch näher auf seine These ein:

»Diejenigen, die die Häufigkeit und Intensität der menschlichen Aggression damit erklären, daß sie auf einen angeborenen Wesenszug der menschlichen Natur zurückzuführen sei, zwingen hierdurch oft ihre Gegner, die nicht bereit sind, alle Hoffnung auf eine friedliche Welt fahren zu lassen, das Ausmaß der menschlichen Destruktivität und Grausamkeit zu bagatellisieren. So sehen sich diese Anwälte der Hoffnung oft in die Defensive gedrängt und genötigt, eine übertrieben optimistische Auffassung vom Menschen zu vertreten. Wenn man zwischen defensiver und bösartiger Aggression unterscheidet, hat man das nicht nötig. Man impliziert dann lediglich, daß der bösartige Teil der menschlichen Aggression dem Menschen nicht angeboren und daher auch nicht ausrottbar ist.«

Zur Stütze seiner Betrachtungsweise befaßt sich Fromm mit der Psychologie der vorzeitlichen Jäger und zitiert namhafte Vorzeitforscher wie S. L. Washburn und V. Avis, denen er allerdings nicht in allen ihren Aussagen folgen möchte. Die beiden Genannten gehen von der Voraussetzung aus, daß der Mensch 99 Prozent seiner Geschichte als Jäger und Sammler zugebracht hat und seine Biologie, seine Psychologie und Gewohnheiten eben jenen Jägern der Vorzeit verdankt. Washburn und Avis finden:

»Das Weltbild des frühen menschlichen Fleischfressers muß sich sehr stark von dem seiner vegetarischen Vettern unterschieden haben. Letztere konnten ihre Interessen in einem kleinen Bereich befriedigen, und um andere Tiere kümmerten sie sich nur wenig, abgesehen von den wenigen, von denen ihnen ein Angriff drohte. Aber die Begierde nach Fleisch treibt Tiere dazu, ein größeres Gebiet zu erkunden und die Gewohnheiten vieler Tiere kennenzulernen. Die territorialen Gewohnheiten des Menschen und seine Psychologie unterscheiden sich grundsätzlich von denen der Menschenaffen und der kleineren Affenarten. Seit mindestens 300 000 Jahren (vielleicht schon doppelt so lange) kam die Neugier und Aggressivität des Fleischfressers zu der Wißbegier der Menschenaffen und dem Streben nach Dominanz hinzu. Diese Psychologie des Fleischfressers war im mittleren Pleistozän (vor etwa 500 000 Jahren, d. Verf.) voll ausgebildet, und sie könnte mit den Raubzügen der Australopithecines ihren Anfang genommen haben.«

Washburn unterstellt nun, daß der »Fleischfresser« eine triebhafte Lust am Töten gehabt habe: »Der Mensch hat Freude daran, andere Tiere zu jagen. Wenn diese natürlichen Triebe nicht durch sorgfältige Erziehung gezügelt werden, haben die Menschen Freude am Jagen und Töten. In den meisten Kulturen macht man aus Folterungen und Leiden ein öffentliches Schauspiel zur Volksbelustigung. Dies zeigt sich vielleicht am einfachsten daran, welche Mühe man darauf verwendet, das Töten als Sport beizubehalten. In früheren Zeiten unterhielten König und Adel Parks, in denen sie dem Sport des Tötens zu ihrem Vergnügen nachgehen konnten, und heute gibt die Regierung der Vereinigten Staaten viele Millionen Dollar aus, um den Jägern Wild zur Verfügung zu stellen... Leute benutzen die leichtesten Angelgeräte, um den aussichtslosen Kampf des Fisches zu verlängern und das Gefühl der eigenen Überlegenheit und Geschicklichkeit zu erhöhen...

Bis zu welchem Grade die biologischen Grundlagen des Tötens der menschlichen Psychologie einverleibt sind, kann man daran ermessen, wie leicht man Jungen für die Jagd, das Fischen, das Kämpfen und für Kriegsspiele interessieren kann. Es ist nicht so, als ob diese Verhaltensweisen unvermeidlich wären, aber sie sind leicht zu erlernen, gewähren Befriedigung und werden in den meisten Kulturen sozial honoriert. Die Geschicklichkeit im Töten und die Lust daran werden normalerweise im Spiel entwickelt, und die Verhaltensmuster des Spiels bereiten die Kinder für ihre Rolle als Erwachsene vor.«

Fromm spricht sich entschieden gegen diese Auffassung aus. Er meint, Washburns Behauptung, viele Menschen hätten Freude am Töten und an der Grausamkeit, stimme nur insoweit, als es sadistische Personen und sadistische Kulturen gebe. Es gebe durchaus auch andere. Sadismus sei häufig bei frustrierten Menschen und in solchen sozialen Klassen anzutreffen, die sich machtlos fühlten und wenig Freude am Leben hätten. Im alten Rom beispielsweise sei dem Rechnung getragen worden, indem man jene Menschen für ihre materielle Armut und soziale Ohnmacht durch sadistische Schauspiele entschädigte. Auch hätten sich die fanatischsten Gefolgsleute Adolf Hitlers aus dem deutschen Kleinbürgertum rekrutiert. Die Vorstellung, das Jagen erzeuge Lust am Quälen, sei jedenfalls unbegründet und wenig einleuchtend.

Statt dessen unterscheidet Fromm zwischen der »Jagd als Sport der herrschenden Eliten (zum Beispiel des Adels in einem Feudalsystem) und allen anderen Formen des Jagens, wie die der primitiven Jäger, der Bauern, die ihre Ernte oder Hühner damit vor Schaden bewahren wollen, auch die der Einzelpersonen, die die Jagd lieben«. Den »Elite-Jägern« sagt er nach, daß ihnen die Jagd nicht nur das Bedürfnis nach Macht und Herrschaft befriedige, sondern ihnen außerdem ein »gewisser Sadismus« eigen sei, wie er »für Macht-Eliten kennzeichnend ist«.

Obwohl Analogieschlüsse immer fragwürdig sind, sucht Fromm nach Parallelen zwischen den heute noch existierenden, von der Jagd lebenden primitiven Gesellschaften und den prähistorischen Jägern. Er findet folgende Übereinstimmungen:

»Auch wenn wir nicht annehmen können, daß die prähistorischen Jäger und Sammler dasselbe sind wie die primitivsten Jäger und Sammler heute, so muß man doch bedenken, daß... unsere Kenntnisse über die noch existierenden primitiven Jäger zum Verständnis wenigstens eines entscheidenden Problems bezüglich der prähistorischen Jäger beitragen dürften: des Einflusses des Jagdverhaltens auf die Persönlichkeit und die soziale Organisation. Abgesehen hiervon geht aus den Daten über die primitiven Jäger hervor, daß Eigenschaften, die man oft der menschlichen Natur zugeschrieben hat, wie Destruktivität, Grausamkeit und unsoziales Verhalten – kurz all das, was den

›natürlichen Menschen‹ von Hobbes ausmacht* –, bei den am wenigsten ›zivilisierten‹ Menschen bemerkenswert selten anzutreffen sind.«

Das, was den vorzeitlichen Jäger zu jagen bestimmte, sei nach Fromm »kurz gesagt, nicht die Lust am Töten, sondern der Wunsch zu lernen und verschiedene Fertigkeiten optimal auszuüben, das heißt, Motiv war die Entwicklung des Menschen selbst«.

Leider vermißt man in den Ausführungen Fromms über die Herkunft aggressiven Verhaltens beim Menschen den Hinweis auf die zweifellos vorrangige Motivation zur Jagd bei unseren frühen Vorfahren, nämlich den Zwang zur Nahrungsbeschaffung. Dieser setzte ja das Töten von jagdbarem Wild unabdingbar voraus. Auch erwähnt er nicht jene »Pferdefriedhöfe« unterhalb von Steilabfällen afrikanischer Hochebenen. Ausgrabungen an solchen Stellen hatten zahlreiche Skelette von Pferden zutage gefördert, was darauf schließen läßt, daß vorzeitliche Jäger ganze Herden wilder Pferde auf jenen Hochebenen bis zum Absturz an den Steilhängen vor sich her getrieben haben, um leichte Beute zu machen.

Weist dies nicht doch auf eine gewisse »Lust am Töten« hin? Da, wie Fromm richtig schreibt, in den meisten Klimazonen Fleisch nicht lange haltbar ist, kann der Grund für diese Jagdmethode kaum darin gelegen haben, sich für längere Zeit mit Fleischvorräten einzudecken. Man nahm also zahlreiche unverwertbare tote Pferde in Kauf. Geschah dies nur, weil es unvermeidbar war? Naheliegender ist da die Lust am Töten, also das Ausleben eines aggressiven Triebes, verbunden mit dem Gefühl der eigenen Geschicklichkeit bei der Jagd, die hier im systematischen Vorgehen vieler Jäger im Verbund in einer Art Treibjagd bestanden haben dürfte.

Soweit aggressives Verhalten – wie in diesem Fall – vitalen Interessen dient, wird man es als gutartige oder defensive Aggression bezeichnen können. Doch zeigt namentlich die jüngere Geschichte des Menschen eine wachsende Bereitschaft zu Gewalttaten, zu denen auch Rachegelüste und gelegentlich unmenschliche Strafaktionen gehören.

---

* Thomas Hobbes, englischer Philosoph (1588–1679), lehrte, der Mensch werde im Naturzustand allein vom Selbsterhaltungstrieb und von Machtgier beherrscht. Dies würde zu einem Kampf »jeder gegen jeden« führen, wenn nicht alle Macht von einem Souverän ausgeübt würde, unter dessen Befehlsgewalt und Schutz allein Friede möglich sei.

Ein solcher spektakulärer Fall datiert aus der Zeit des Dritten Reiches. Er betrifft die maßlose Vergeltung des politischen Mordes an dem damaligen Chef des Reichssicherheits-Hauptamtes, dem SS-Obergruppenführer Reinhard Heydrich in der von deutschen Truppen besetzten Tschechoslowakei.

Heydrich, ein ehemaliger Seeoffizier, war 1932 Chef des Sicherheitsdienstes der SS und später die rechte Hand des »Reichsführers SS«, Heinrich Himmler, geworden. Er galt als der eigentlich führende Kopf der Geheimen Staatspolizei. Wer immer in seine Nähe kam, erlebte ihn als intelligenten, von skrupelloser Grausamkeit beherrschten Fanatiker des NS-Regimes, der die Feinde des Reiches unerbittlich bekämpfte.

In seinem Buch ›Aggression‹ bemerkt Friedrich Hacker, Heydrichs Erscheinung habe wie ein Peitschenknall gewirkt. Er sei es gewesen, der nach der Ermordung des ehemaligen Stabschefs der SA, Ernst Röhm (1934) die SS-Parole »Meine Ehre heißt Treue« ausgegeben habe. Was Heydrich auszeichnete, war ein geradezu krankhaftes Mißtrauen gegen jeden, der in sein Umfeld kam. Für Himmler galt Heydrich als »Oberverdachtsschöpfer«. Man sagte ihm nach, daß er über zahlreiche NS-Funktionäre Dossiers angelegt und auch über sich selbst rückhaltlos Buch geführt habe. Gelitten hätte er lediglich unter seiner teilweise jüdischen Herkunft. Seine panische Angst vor der Entdeckung dieses »Makels« habe sich mit Selbsthaß und maßloser Geltungssucht gepaart.

Im März 1942 wurde Heydrich stellvertretender Reichsprotektor von Böhmen und Mähren. Als er am 27. März 1942 in seinem Wagen nach dem Hradschin, dem hochgelegenen Stadtteil Prags, unterwegs war, verübten tschechische Widerstandskämpfer ein Bombenattentat auf ihn. Heydrich wurde schwer verwundet und starb acht Tage später. Die sofort eingeleitete Großfahndung nach den Attentätern blieb trotz eines ausgesetzten Kopfgeldes von einer halben Million Reichsmark vorerst erfolglos.

Ohne weitere Nachforschungen abzuwarten, suchte die Gestapo daraufhin willkürlich das tschechische Dorf Lidice aus, um ein barbarisches Exempel zu statuieren. Obwohl Lidice mit dem Attentat nicht das Geringste zu tun hatte, machte man es dem Erdboden gleich. Alle männlichen Einwohner, angeblich etwa 200, exekutierte die SS an Ort und Stelle. Die Frauen verschleppte man in Konzentrationslager, von den Kindern überlebten nur wenige den Krieg.

Wenig bekannt ist, daß es damals zwei junge Exiltschechen

gewesen sind, nämlich Jan Kubis und Josef Gabcik, die den Anschlag auf Heydrich geplant und verübt haben. Spezialisten in Schottland hatten sie für geheimdienstliche Sondereinsätze geschult. Mit allen notwendigen Informationen versehen, hatte man sie in der Nähe von Prag an Fallschirmen abgesetzt, damit sie Verbindung zur tschechischen Widerstandsbewegung aufnehmen konnten. Zwar hatten die Widerständler die Vergeltungsaktion vorausgesehen und die tschechische Exilregierung in London eindringlich vor dem Attentat gewarnt, doch vergebens. Der Ausführungsbefehl blieb bestehen, und so nahm das Unheil seinen Lauf.

Zusammen mit Kubis und Gabcik war noch ein dritter Exiltscheche namens Curda nach Prag eingeschleust worden. Als die Gestapo angesichts der erfolglosen Suche nach den Attentätern weitere Vergeltungsaktionen ankündigte, stellte sich Curda und machte die SS auf den Widerstandskämpfer Morawetz aufmerksam. Dieser hatte Kubis und Gabcik nach ihrem Fallschirmabsprung in Empfang genommen und betreut. Morawetz und sein Sohn wurden verhaftet, Frau Morawetz beging Selbstmord. Als man den Vater im Verhör vor den Augen des Sohnes zu Tode folterte, verriet der Sohn das Versteck der Attentäter. Es war die orthodoxe Barock-Kirche von Cyril und Methodius in der Prager Altstadt.

Sieben Tschechen, unter ihnen Kubis und Gabcik, hatten sich hier in der Krypta und unter der Empore verschanzt und leisteten der tags darauf anstürmenden SS verzweifelten Widerstand. Die letzten Kugeln, so ist überliefert, hoben sie für sich auf. Wie viele SS-Leute bei der stundenlangen Schießerei den Tod gefunden haben, ist nicht bekannt. Es sollen so viele gewesen sein, daß die Gestapo die Zahl der Widerstandskämpfer in der Kirche hinterher mit 120 angab, um das Gesicht zu wahren.

Curda identifizierte die sieben Toten, unter ihnen auch Kubis und Gabcik. Er selber bekam nur einen kleinen Teil des Judaslohnes für seinen Verrat und blieb gezwungenermaßen bis Kriegsende bei der Gestapo. Nach 1945 spürten ihn die Tschechen unter falschem Namen auf, verurteilten ihn als Kollaborateur und ließen ihn hinrichten. Noch in den letzten Kriegsjahren aber ging der Rachefeldzug der SS für die Ermordung Heydrichs unvermindert weiter.

Von zügelloser Aggression getrieben, verurteilten allein Standgerichte in Prag und Brünn 1331 tschechische Staatsbürger zum Tode und ließen sie umbringen.

So maßlos uns die Vergeltung für den Tod Heydrichs heute auch erscheint – es gibt ähnliche Beispiele, in denen eine Vielzahl von Menschen für die Taten einzelner büßen mußte; hingewiesen sei auf die Geiselerschießungen in Kriegs- und Krisengebieten. Doch auch an anderen Motiven für Morde und Massenmorde fehlt es in der Geschichte nicht, Fälle von solcher Grausamkeit, soviel Haß und Aggression, wie dies in prähistorischen Zeiten kaum vorstellbar gewesen und jedenfalls nicht nachgewiesen ist.

Die Frage, die sich nun stellt, ist die nach den Ursachen solcher Greuel. Woher kommt die anscheinend zunehmende Brutalisierung des Menschen?

Eine sich bietende Erklärung, wenn auch nur eine unter anderen, ist das zunehmende Menschengedränge auf der Erde. Spannungen und Reibereien gibt es ja bekanntlich überall dort, wo Lebewesen auf engem Raum zusammen existieren müssen. Ratten beispielsweise greifen sich gegenseitig an, wenn man sie in einem kleinen Käfig zusammenpfercht, so daß es zu wütenden, nicht selten tödlichen Beißereien kommt. Man könnte schließen, daß Pferchungsbedingungen auch beim Menschen die Ursache für jene »bösartige« Aggression sind. Anders gesagt: Je mehr Menschen die Erde bevölkern, um so eher entstehen auch die Voraussetzungen für Gewalttaten, um so aggressiver und mordlustiger wird der Mensch – vergleichbar den Ratten in ihrem zu engen Käfig.

Allerdings gibt es Fälle, und auf sie weist Erich Fromm ausdrücklich hin, in denen Menschen auch ohne konkreten Anlaß aus purer Mordlust töten und mit offensichtlicher Genugtuung Grausamkeiten an ihren Mitmenschen und Tieren begehen. Solche Vertreter des Homo sapiens findet man unter den Zuschauern bei öffentlich zur Schau gestellten Roheiten und Quälereien wie Hahnenkämpfen, Duellen zwischen »Kampfhunden«, die zuvor mit Hilfe festgebundener Katzen an rotierenden Drehkreuzen »scharf« gemacht worden sind, oder bei öffentlichen Hinrichtungen. Man findet sie auch in den Stierkampfarenen, denn auch die mit dem Tod der Tiere endenden Stierkämpfe vor einem lüstern zuschauenden Publikum sind hier zu nennen. Entgegen allen Beteuerungen, es handele sich um einen edlen, tief in der spanischen Tradition verwurzelten Sport und ein Ritual mit Tieren, die »sowieso« sterben müßten, läßt sich das Tierquälerische dieser Veranstaltungen nicht leugnen. Auch hier sind Aggressionen im Spiel, die zudem auf eine subtile, den Spaß am Töten verlängernde Weise abreagiert werden.

»Die bösartige Aggression«, schreibt Fromm, »ist zwar kein Instinkt, sie ist aber ein menschliches, in den Bedingungen der menschlichen Existenz selbst verwurzeltes Potential.«

Die Trennung zwischen gutartiger und bösartiger Aggression im Sinne Fromms läßt sich vielerorts beobachten. Tatsächlich ist der Mensch das einzige Wesen, das an seinen Mitmenschen zum Mörder werden kann, ohne daß dabei ein biologischer Nutzen ersichtlich würde. Und er ist wahrscheinlich auch das einzige Lebewesen, das Lust dabei empfinden kann. Wie anders als mit der Lust am Töten sollte man auch Fälle wie die folgenden erklären?

In der mexikanischen Stadt Matamoros finden Beamte auf dem Gelände einer Ranch die Leichen von vierzehn zuvor gefolterten und dann als Menschenopfer dargebrachten Männern. Es stellt sich heraus, daß die Täter Rauschgift geschmuggelt und einem grausigen Satanskult gehuldigt haben. Bei ihren Zusammenkünften, so gestand ein Teilnehmer, hätten sie zum Satan gebetet, »nicht von der Polizei gefaßt zu werden, keine tödliche Kugel zu empfangen und mehr Geld machen zu können«.

Der Sprecher des Justizministeriums in Mexiko-Stadt gab an, bei den rituellen Morden hätten die Täter ihren Opfern die Schädel geöffnet, das Hirn herausgeholt und dies zusammen mit Kräutern und Teilen von Tierkörpern in einem Topf gekocht. Einigen Opfern hätte man Herz, Gedärme und Knochen entnommen. Aus den Organen seien Amulette zum Schutz vor der Polizei gefertigt worden. Der zuständige Sheriff faßte seine Eindrücke von der Durchsuchung der Ranch zusammen: »Es sah aus wie ein Menschenschlachthaus.«

Wenn man unter dem Begriff »Massenmörder« gemeinhin einen Kriminellen versteht, der fünf oder zehn, im Extremfall vielleicht noch einige Morde mehr begangen hat, so müßte angesichts der im Sommer 1991 bekannt gewordenen Verbrechen des Amerikaners Jason McGowan alias Leroy Evans aus dem Staate Mississippi wohl ein neuer Begriff eingeführt werden. Nicht weniger als rund sechzig Morde gestand er der Polizei, darunter vorwiegend Prostituierte und andere Mädchen, die er zuvor entführt und vergewaltigt hatte, um die Leichen hinterher zu vergraben.

Auch Frauen lassen sich bisweilen zu teilweise unvorstellbaren aggressiven Handlungen hinreißen. In Deutschland verübte eine Sechsundzwanzigjährige aus Mönchengladbach eine kaum glaubliche Greueltat an ihrem 34 Jahre alten ehemaligen Freund. Nachdem sie ihn in der Badewanne erwürgt hatte, zerlegte sie den Toten mit einer elektrischen Handsäge in kleine Teile und verstaute diese vorerst an einem sicheren Ort. Zusammen mit ihrem verflossenen Ehemann zerkleinerte sie die Leichenteile in den nächsten Tagen noch weiter, kochte und briet sie und bewahrte sie in Gefrierbehältern in einer Tiefkühltruhe auf. »Es sollte alles so aussehen wie normale Lebensmittel«, erklärte sie bei der Vernehmung. Monate später erst machten sich die beiden daran, die tiefgefrorenen Überreste ihrer Tat beiseite zu schaffen.

Fälle exzessiver, mit Mord oder Massenmord verbundener Gewalttaten sind zahlreich in aller Welt, ja sie sind nahezu an der Tagesordnung. Spektakulär war die Mordserie, die seinerzeit der Amerikaner Charles Manson, Sohn einer trunksüchtigen Dirne und ein verwahrloster, der damaligen »Hippie«-Szene zugerechneter Gewaltverbrecher, im Umkreis der Filmmetropole Hollywood verübt hat und in deren Verlauf er mehrere millionenschwere Angehörige des eleganten Jet-Sets auf bestialische Weise regelrecht abgeschlachtet hat. Erinnert sei auch an das Massaker von My Lai, jenem von den Amerikanern im Vietnamkrieg dem Erdboden gleichgemachten südvietnamesischen Dorf, in dem nicht nur die Männer, sondern auch alle Frauen und Kinder getötet worden sind.

Wohin das »Clanbewußtsein« führt

Aggressive Handlungen finden nicht nur zwischen einzelnen Menschen statt, sondern auch zwischen Gruppen. Auch solche Fälle rechnet Erich Fromm zur bösartigen Aggression. Als Beispiel führt er die Rache an, die zuweilen als »Blutrache« zwischen verfeindeten und fanatisierten Familien ausgetragen wird, aber auch bei größeren, häufig durch religiöse oder andere Überzeugungen verbundenen Gruppen vorkommt. Rachsüchtige Destruktivität sei, wie er schreibt, eine spontane Reaktion auf intensive und ungerechtfertigte Leiden, die einer Person oder den Mitgliedern einer Gruppe zugefügt werden, mit denen sich die betreffende Person identifiziert, und sie unterscheide sich von der normalen defensiven Aggression in zweierlei Hinsicht:

»Erstens, sie entwickelt sich, *nachdem* der Schaden zugefügt wurde, und es handelt sich daher nicht um eine Verteidigung gegen eine *drohende* Gefahr. Zweitens, sie ist sehr viel intensiver und oft grausam, lustbetont und unersättlich. Die Sprache bringt diese besonderen Eigenschaften in dem Wort ›Rachedurst‹ zum Ausdruck.«

Aus stammesgeschichtlicher Sicht läßt auch die Blutrache interessante Schlüsse zu. Schon seit frühesten Menschheitstagen sind wir ja auf ein Verhalten festgelegt, das unser Überleben in den eigenen Nachkommen sichert. Mit anderen Worten: Wir setzen alles daran, unsere Erbanlagen in unseren Kindern zu erhalten. Bei den höheren Tieren ist das nicht anders, und immer helfen dabei auch scheinbare Äußerlichkeiten mit.

Zunächst ist es natürlich wichtig, überhaupt Nachwuchs zu haben – dafür sorgt der unwiderstehliche Geschlechtstrieb. Hier und da kommen Geschlechterbindung, beim Menschen Liebesbeziehungen hinzu. Ist der Nachwuchs da, kommt alles darauf an, ihn am Leben zu halten und vor Gefahren zu schützen. Ernähren, Hegen und Pflegen gehören zu den äußeren Bedingungen, die elterlichen Anlagen den folgenden Generationen zu bewahren. Bei Vögeln und Säugetieren finden wir dieses Bemühen in der Brutpflege, so etwa im Nestbau und dem »Mund-zu-Mund-Füttern«. Bekannt ist das »Kußfüttern« bei Menschenaffen und ursprünglichen Volksstämmen, wie es Eibl-Eibesfeldt bei den !Ko-Buschleuten in der zentralen Kalahari-

Wüste beobachten konnte. Das Kußfüttern mag auch der Ursprung des Küssens gewesen sein – ein Relikt jener innigen, mit der lustvollen Nahrungsaufnahme verbundenen Berührung der Lippen.

Zum Schutz des Nachwuchses bleiben Mann und Frau tunlichst und zumindest solange beisammen, bis die Kinder selbst »flügge« sind und sich ihrerseits fortpflanzen können. So können zwischen den Mitgliedern der Familien individuelle Zuneigungen und Zusammengehörigkeitsgefühle entstehen. Sie erweitern sich zu dem, was man »Familiensinn« nennt, aber auch zu freundschaftlicher Vertrautheit zwischen nicht unmittelbar verwandten Personen. So gewinnt die »Sippe« als Einheit auch für die Auslese insofern Bedeutung, als genetisch verwandte Individuen sich gegenseitig helfen und schützen und sich von »Sippenfremden«, obschon gleicher Art, zu unterscheiden und abzusetzen suchen.

Die Sorge um den Erhalt der bewährten und vertrauten Erbmerkmale hatte freilich auch nachteilige Folgen, denn zwangsläufig ergaben sich nun zwei Klassen von Artgenossen: diejenigen, die zum eigenen Verband gehörten und andere, die »außerhalb« standen. Und während aggressive Regungen zwischen den ersteren aufgrund ihres »Clanbewußtseins« im allgemeinen begrenzt blieben (allerdings durchaus nicht ausgeschlossen sind) ging und geht es bei Auseinandersetzungen mit Gruppenfremden gewöhnlich handfester zu. »Der nicht zur Gruppe gehörende Mensch wird fast wie ein Artfremder behandelt«, schreibt Eibl-Eibesfeldt. All dies läßt sich gewiß unserem erblich überkommenen Streben nach Sicherung des Genpools zuordnen. Es entspricht dem Trieb zur Erhaltung gruppeneigener Erbeigenschaften, die es zu schützen gilt.

Diese Zusammenhänge sollten bedacht sein, wenn es darum geht, aggressives Gruppenverhalten zu beurteilen – wir haben darüber unter anderen Aspekten auch schon im Kapitel über das Außenseiterproblem gesprochen. Der genetische Hintergrund aggressiven Verhaltens macht es nicht zuletzt verständlich, daß die zunächst nur als Bereitschaft zur Abgrenzung vorhandene Neigung von Sippen und letztlich auch ganzen Völkern so leicht durch geschickte Agitation angeheizt werden kann, so daß es dann nicht selten zu offenen Feindseligkeiten kommt.

Fromms »bösartige« Aggression, die er den kriegerischen Handlungen unterstellt, hat also zumindest ihre Wurzeln auch in einer biologisch sinnvollen, defensiven Aggression in Gestalt der überall wahrnehmbaren Gruppenbehauptung, der sie dient.

Unbewußt mag dies auch bei den oft blutigen Auseinandersetzungen zwischen jugendlichen Randalierern mitspielen, wie sie gelegentlich in Großstädten zu beobachten sind. Verwiesen sei auf die Bandenkämpfe von »Rockergruppen« oder anderen Vereinigungen, deren Mitglieder, um die gemeinsamen Ziele zu demonstrieren, sich durch ihr speziell auffallendes Äußeres als zu der einen oder anderen »gang« gehörig auszuweisen pflegen.

Zu welcher Eskalation brutaler Gewalt namentlich Jugendliche fähig sind, wenn sie im »Rudel« auftreten, das erfuhren die schockierten New Yorker im Sommer 1989, als die Mordtaten zuvor unauffälliger, teils aus gutbürgerlichen Familien stammender Teenager zwischen 14 und 18 Jahren die Stadt in fassungsloses Entsetzen stürzten. Das besonders Erschreckende an diesen Taten war, daß sie anscheinend völlig grundlos an harmlosen Mitbürgern begangen wurden, so etwa an Liebespärchen in Parkanlagen.

Einer der Jugendlichen, »Little Rambo« genannt, gestand der Polizei, sie seien »nur mal so losgegangen, um irgendwen zu töten...« Ein Elf- und ein Fünfzehnjähriger verschleppten ein zweijähriges Mädchen, um es zu vergewaltigen und zu ermorden und dann auf eine Müllkippe zu werfen. Ausführlich berichteten die Medien damals über ähnliche Greueltaten.

Auf der Suche nach Erklärungen prangerten die weitgehend ratlosen Gerichtspsychologen wieder einmal das soziale Umfeld der Täter an. Man hörte von Brutalitäten in den Familien und Mißhandlungen, von der Drogenszene, von fehlender Fürsorge der Eltern, Erziehungsfehlern in den Schulen und Zugehörigkeit zu Jugendbanden. Doch befriedigte dies alles nur halb. Zurück blieb ein Unbehagen, gemischt mit einer um sich greifenden Ohnmacht vor der Abgründigkeit menschlicher Triebe, die sich unter allzu freizügigen Lebensverhältnissen bei geringstem Anlaß auf so furchtbare Weise austoben.

Werden Brutalitäten zwischen organisierten Banden gewöhnlich gerichtlich verfolgt, oder man sollte doch zumindest annehmen, daß dies geschieht, so müssen wir die extremste Form aggressiver Gruppenkämpfe, den Krieg, womöglich mit anderen Augen betrachten. Und dies ganz abgesehen davon, daß niemand da ist, der die Streithähne sogleich wieder auseinanderbringen könnte. Erst wenn ein Krieg vorbei ist und der Sieger feststeht, finden die Strafgerichte statt.

Die Frage ist, ob Kriege nur eine gewissermaßen überdimensionale Form biologisch sinnvoller aggressiver Handlungen darstellen, oder ob mehr dahintersteckt.

Um eine Antwort darauf zu finden, muß man nach den Ursachen von Kriegen fragen. Kriege entstehen gewöhnlich nicht aus dem Affekt, sondern werden geplant und laufen als gezielte, generalstabsmäßige Kampfhandlungen ab. Aus welchen Gründen kommt es also zu kriegerischen Auseinandersetzungen?

Offensichtlich zählen vor allem politische Konflikte dazu, die auf friedliche Weise nicht beigelegt werden können oder wollen. Auch die nach neuem Lebensraum verlangende Übervölkerung eines Landes kann die Ursache sein oder der eigennützige Wunsch, etwa bestimmte Bodenschätze, Industrieanlagen oder klimatisch günstige Gebiete zu besitzen, oder den Anschluß an ein Weltmeer. Schließlich gibt es Kriege aus purem Eroberungsdrang. Vom Zaun gebrochen werden sie auch aus missionarischem Eifer, wenn Andersgläubigen der eigene Glaube aufgezwungen werden soll, wie dies »mit Feuer und Schwert« gegenüber germanischen Stämmen geschah oder während der Kreuzzüge, den von der katholischen Kirche unterstützten Kriegszügen gegen die »Heiden« und zur Eroberung Palästinas im Mittelalter.

Kriegerische Auseinandersetzungen haben im Lauf der Jahrhunderte an Zahl zugenommen. Nach einer Aufstellung von Erich Fromm in seinem Buch ›Anatomie der menschlichen Destruktivität‹ gab es zwischen den Jahren 1500 und 1599 nur 87 Schlachten, zwischen 1700 und 1799 schon 781 und in der kurzen Zeitspanne zwischen 1900 und 1940 nicht weniger als 892. Demnach könne man, so Fromm, schwerlich von einer erblich verankerten Aggressivität ausgehen:

»Die Autoren, die erklären, der Krieg sei auf eine angeborene Aggressivität des Menschen zurückzuführen, betrachten den modernen Krieg als etwas Normales, da sie annehmen, daß er aus der ›destruktiven‹ Natur des Menschen zu erklären sei. Sie suchen nach einer Bestätigung für diese Annahme in den Daten über Tiere und über unsere prähistorischen Ahnen, die sie verzerrt darstellen müssen, damit sie diesem Zweck dienen können. Diese Einstellung resultiert aus der unerschütterlichen Überzeugung von der Überlegenheit der heutigen Zivilisation über die vortechnischen Kulturen. Der logische Schluß lautet: Wenn der zivilisierte Mensch schon von so vielen Kriegen und einer so starken Destruktivität heimgesucht ist, wieviel schlimmer muß dann der primitive Mensch gewesen sein, der in der Entwicklung zum ›Fortschritt‹ hin so weit im Hintertreffen ist. Da man unsere Zivilisation nicht für die Destruktivität verantwortlich machen darf, muß man diese als durch unsere Instinkte bedingt hinstellen. Aber die Tatsachen sprechen dagegen.«

Abgesehen davon, daß Fromm hier die zunehmende Bevölkerungsdichte auf der Erde unberücksichtigt läßt, kann man schwerlich behaupten, für das Kriegführen spiele eine gewisse angeborene Aggressivität überhaupt keine Rolle. Zumindest bei Verteidigungskriegen geht es ja um den Schutz des eigenen Territoriums und insofern um einen lebenswichtigen Anspruch. Auch wäre die Stimulierung des Menschen zu seiner Bereitschaft, Krieg zu führen – etwa in Gestalt der Kriegspropaganda – nicht so erfolgreich, würde sie nicht an den Selbstbehauptungstrieb der Gruppe (als Vielzahl von Familienverbänden) appellieren können und damit auf fruchtbaren Boden fallen. Auch dieser ist ja zweifellos ein biologisches Radikal.

Vorherrschend freilich bleibt die Einstufung des Krieges als »Produkt der kulturellen Evolution«, soweit er als »strategisch geplante, in feindliches Territorium vorgetragene und mit Hilfe tödlicher Waffen auf die Vernichtung des Gegners abzielende Aggression« zu bezeichnen ist (Eibl-Eibesfeldt). Doch habe er insofern mit unseren Genen zu tun, meint der vorgenannte Autor, »als er deren kulturelles Vehikel ist«. Denn der Krieg trage zur Eignung der Sieger bei, deren Gene sich verbreiten. Die Sieger als »Erfolgreiche« überleben mehrheitlich und können im Darwinschen Sinne ihre Anlagen vermehrt weitergeben. »Die meisten heute lebenden Menschen«, so Eibl-Eibesfeldt, »sind letztlich die Nachkommen erfolgreicher Eroberer.«

Nicht als Krieg, aber doch verwandt mit ihm erscheinen Auseinandersetzungen, zu denen es mitunter als Folge politischer Spannungen zwischen unzufriedenen Bevölkerungen und ihren Regierungen in Diktaturen kommt. Überdruß am System, Unterdrückung, Bespitzelung, desolate wirtschaftliche Verhältnisse, solche und ähnliche Anlässe können den Volkszorn in offene Auflehnung gegen die Staatsgewalt umschlagen lassen. Das Volk geht auf die Straße, Putschversuche werden unternommen, Brände gelegt, Regierungsgebäude gestürmt und besetzt. Solchen Aggressionen, sofern sie nicht erfolgreich verlaufen, folgt dann meist rasch der Gegenschlag der Regierenden mit dem Einsatz regierungstreuer Verbände. Polizei und Militär, Gummiknüppel, Maschinengewehre, notfalls auch Panzer werden aufgeboten, um »Ruhe und Ordnung«, wie es dann heißt, wieder herzustellen.

Wir haben einen solchen Vorgang im eigenen Lande erlebt, als sich Arbeiter und Angestellte Mitte Juni 1953 gegen die kommunistische Regierung in der DDR erhoben. Doch der verzweifelte Volksaufstand blieb erfolglos. Von sowjetischen Panzern unterstützt, schlug der Ulbrichtsche Machtapparat die Massenrevolte blutig nieder.

Ein ähnliches Schicksal erlitten die Ungarn im Jahre 1956, als russische Panzer die sich regende Demokratiebewegung mit dem Einmarsch ihrer Truppen im Keime erstickten. Vergleichbares geschah im Jahre 1968 auch in der ČSSR. Damals hoffte der reformkommunistische Parteichef Alexander Dubček mit seinen politischen Freunden, eine gewisse Liberalisierung im Lande durchzusetzen. Doch auch dieser Versuch scheiterte. Die UdSSR antwortete auch hier mit dem Einmarsch ihrer und anderer Warschauer-Pakt-Truppen. Dubček wurde verhaftet, in die Provinz abgeschoben und für zwanzig Jahre mundtot gemacht. Das tschechische Volk bekam die kommunistische Zuchtrute wieder zu spüren. Der »Prager Frühling« blieb ein vorerst unerfüllter Traum. In allen diesen Ländern hat ein politischer Wandel stattgefunden als später Triumph jener mutigen Widerständler von damals. Dubček ist Ende 1989 politisch rehabilitiert und zum Parlamentspräsidenten gewählt worden.

Auch die Ereignisse, die sich im Sommer 1989 auf dem Platz des Himmlischen Friedens in Peking abspielten, sind hierfür ein Beispiel. Sie zeigten darüber hinaus aber noch eine andere menschliche Abgründigkeit. Die nämlich, daß der Befehl einer »Obrigkeit« genügte, um bei ganz normalen Mitbürgern die Hemmschwellen vor der Entladung blindwütiger Aggression sofort einzureißen. Selbst wenn man bedenkt, daß die um sich schießenden chinesischen Soldaten ihrerseits mit dem Tod wegen Befehlsverweigerung hätten rechnen müssen, selbst dann hätten sie über die Köpfe oder daneben schießen können.

Aber was taten sie? Sie hielten auf die Köpfe der Demonstranten, auf die Leiber, sie töteten gezielt in einer Art von Mordrausch wie hungrige Wölfe, die in eine schutzlose Schafherde einbrechen.

Es stellt sich die Frage, ob wir es bei den chinesischen Soldaten mit bösartigen Ausnahmenaturen zu tun hatten, die nicht typisch sind für die Mehrheit der Menschen, oder ob nicht mehr oder weniger doch alle Vertreter des Homo sapiens unter

Ausnahmebedingungen ähnlich reagieren. Die Antwort darauf mag sich jeder selbst geben, eines aber steht sicher fest: Auch das Massaker von Peking im Sommer 1989 hat uns gezeigt, woher wir kommen.

In München, in einem berühmt-berüchtigten Versuch, sind vor Jahren in einem wissenschaftlichen Institut einmal Menschen daraufhin getestet worden, wie weit ihre Hemmschwelle, anderen Schmerzen zuzufügen, herabgesetzt werden kann, wenn eine Obrigkeit, eine respektable, angeblich Verantwortung tragende Person, das Schmerzzufügen befiehlt und für zumutbar hält.

Der jeweilige Prüfling sollte dazu einer hinter einer Glasscheibe sitzenden Versuchsperson über eine Apparatur elektrische Schläge versetzen, wenn der Betreffende falsche Antworten auf Testfragen gab. Die Schläge seien zunächst noch schwach und harmlos, sagte man. Allmählich aber sollten die Prüflinge die Voltzahl auf Anweisung des Versuchsleiters auf beträchtliche Werte steigern, obwohl die über Lautsprecher hörbaren Schreie der »Opfer« immer lauter zu hören waren. »Um die Schreie brauchen Sie sich nicht zu kümmern«, beruhigte der Wissenschaftler die Prüflinge, »das ist schon in Ordnung.« Tatsächlich erhöhten nahezu alle geprüften Personen ungeachtet der immer gräßlicher klingenden Schmerzenslaute der Versuchsteilnehmer die elektrischen Stromstöße. Erbarmungslos drückten sie auf die Tasten mit immer höheren Voltzahlen und demonstrierten damit das, was man »Kadavergehorsam« nennt.

In Wahrheit erhielt das »Opfer« natürlich keine elektrischen Schläge, alles war nur fingiert. Doch das wußten die Versuchspersonen nicht. Sie mußten davon ausgehen, daß jeder Knopfdruck von ihnen jedesmal auch zu sich steigernden Schmerzen bei ihrem »Mitmenschen« hinter der Glaswand führte. Doch sie drückten und drückten immer wieder, weil es ein »Verantwortlicher« gutgeheißen hatte.

Wir können das Thema Aggression nicht abschließen, ohne noch auf die Ahndung von Schwerstverbrechen durch den Staat als Inhaber des Gewaltmonopols einzugehen – jedoch unter einem speziellen Aspekt: dem der Hinrichtung von Delinquenten in Ländern, wo noch die Todesstrafe verhängt wird.

Wenn man so will, kann man im gewaltsamen Auslöschen eines Menschenlebens, aber auch in der Verstümmelung einer Person durch Handabschlagen, Blenden oder ähnlichem aufgrund von Gerichtsurteilen eine legale Form äußerster Aggression gegen ein wehrloses Individuum erblicken, zu der ein Scharfrichter als Vollstrecker beauftragt wird. Was hier interessieren soll, ist die Psychologie dieses Mannes, und zwar insbesondere die Rechtfertigung seines Amtes vor sich selbst.

Es existiert darüber ein bemerkenswerter Bericht des Zeitungskorrespondenten Wolfgang Köhler. Ihm war es vergönnt, in Saudi-Arabien erstaunlich offenherzige Bekenntnisse eines solch unheimlichen Zeitgenossen zu erhalten. Es handelte sich um den 60jährigen arabischen Henker Sa'id al Sajaf, Vater von 25 Söhnen und Töchtern aus 24 Ehen. In seinem Bericht schildert Köhler ungeschminkt den schrecklichen Beruf dieses Mannes einschließlich der psychischen Regungen und Motivationen in den Stunden und Tagen, bevor er seines Amtes waltet, und danach.

Sa'id al Sajaf erklärte, ein Schwertstreich genüge meist, um den Kopf des Verurteilten vom Rumpf zu trennen. In wenigen Fällen sei ein zweiter Schlag, ein dritter nur äußerst selten nötig. In den 37 Jahren seiner Tätigkeit habe der Henker in Saudi-Arabien sein blutiges Handwerk schon sechshundertmal vollzogen, sechzig Dieben habe er die Hand abschlagen müssen.

»Zum Vollzug der Strafe«, schreibt Köhler, »benutzt er ein Schwert, das ihm der stellvertretende Innenminister, Prinz Ahmad Ibn Abdal Aziz, überreicht hat: ein besonderes Schwert, wie es die Überlieferung des Propheten Mohammed vorschreibt. Für die Hinrichtung von Frauen benutzt er eine Pistole, damit der weibliche Oberkörper nicht entblößt werden muß. Dieben, die wegen schweren Raubes verurteilt worden sind, wird mit einem scharfen Messer die Hand vom Arm getrennt; der Schnitt muß exakt ausgeführt werden. Das in Saudi-Arabien angewandte muslimische Gesetz, die Scharia, schreibt für Mord, Vergewaltigung, Terrorismus und seit 1987 auch für Rauschgifthandel die Enthauptung vor, für Unzucht die Steinigung und für schweren Diebstahl das Abschlagen der Hand.

Einen Kopf ›abzuhacken‹, bekannte der Henker, falle ihm leichter, denn dieser Akt bedeute ›das Ende der Geschichte für den Verbrecher‹. Eine Hand abzuschlagen verlange ihm mehr Mut ab, da er vom Körper eines Menschen, der danach weiterleben soll, einen Teil abzutrennen habe. Er müsse dabei größere Sorgfalt walten lassen, das Messer dürfe nicht ausrutschen, die Hand nicht an einer falschen Stelle amputiert werden. Er tue dies nur widerwillig, gestand er ein.

Doch auch Enthauptungen erforderten Mut, und gelegentlich

schrecke er vor ihnen zurück. Manchmal verbringe er vor Hinrichtungen schlaflose Nächte – aus Angst, er könnte am nächsten Tag versagen. Wenn eine Hinrichtung angesetzt sei, bereitete er sich seelisch darauf vor. ›Ich muß mich selbst kontrollieren, während ich mich dem Zeitpunkt nähere, zu dem der Kopf abzuhacken ist.‹ Sei die Tat vollbracht, empfinde er ›Freude und Befriedigung‹: ›Dank sei Gott, der mir die Macht gab zu beenden, was gegen das Gesetz Gottes ist.‹

Mitleid mit dem zum Tode Verurteilten kommt bei dem Henker offenbar nicht auf. Er empfinde weder Sympathie noch Trauer, wenn das Opfer wegen Vergewaltigung, Mordes oder Rauschgifthandels bestraft werde. ›Ich war sehr glücklich, als ich einen Drogenhändler hinrichtete, der fast 35 Millionen rauschgifthaltige Tabletten in diesem heiligen Land (Saudi-Arabien) verkauft hat‹, sagte er.

Die Frage nach ›ungewöhnlichen Szenen‹ beantwortete er mit dem Hinweis auf die Hinrichtung zweier Männer in Mekka, die einen Kollegen ermordet hatten. Die beiden standen nebeneinander, ihre Augen waren nicht verbunden, wie es heutzutage vorgeschrieben ist. Der Henker schlug dem einen den Kopf ab, der vor die Füße des anderen rollte. Als er sich dem zweiten Todeskandidaten näherte, starrte ihn dieser auf seltsame Art an. Er habe keine Sympathie für diesen Mann empfunden, sagt der Scharfrichter. In dem Augenblick, als er das Schwert erhob, brach der Mann zusammen. Ein Arzt stellte einen Herzanfall fest und erklärte, das Herz des Mannes habe aufgehört zu schlagen. Daraufhin sollte die Leiche zum Friedhof gebracht werden. Auf dem Weg aber erhob der vermeintliche Tote seine Stimme und bat um Wasser. Sogleich wurde der Henker herbeigerufen, um sein Werk zu vollenden.

Hinrichtungen in Saudi-Arabien werden nach vorheriger Ankündigung des Innenministeriums in den Medien meist am Freitagmittag nach dem Gebet in der Moschee auf dem davorliegenden Platz vor Hunderten von Männern, Frauen und Kindern vollstreckt. Augenzeugen berichten, der Delinquent erhalte Beruhigungsmittel. Seine Augen würden mit einem schwarzen Tuch verbunden, seine Hände auf dem Rücken zusammengeschnürt. Er kniee nieder in Richtung auf die den Muslimen heilige Stadt Mekka. Nach der Enthauptung reinige der Henker sein Schwert an den Kleidern des Hingerichteten.«

Soweit dieser Bericht, dem ich nichts hinzufügen will.

Der sexuelle Mixbecher

Ob Pflanzen, Tiere oder Menschen – die Körper der Lebewesen sind nichts anderes als die Mittel zum Zweck der Erbanlagen, ihre eigene Haut zu retten. Mit Hilfe der Körpergestalten überleben und erneuern sie sich. Mikroskopisch klein und tief im Innern der Zellkerne verborgen, steuern sie Wachstum und Verhalten ihrer selbst erzeugten »Gehäuse« zu dem einzigen selbstsüchtigen Zweck, in immer neuen Generationen wiederzuerstehen.

So etwa könnte man die These des englischen Soziobiologen Richard Dawkins beschreiben, der darüber ein beachtenswertes Buch geschrieben hat (›The selfish Gene‹ – Das egoistische Gen).

Damit die egoistischen Gene ihr Ziel erreichen, sind sie allerdings auf den Fortpflanzungserfolg jener »Vehikel« angewiesen, derer sie sich bedienen. Und dieser Erfolg wieder hängt weitgehend davon ab, ob die Lebewesen sich in ihrer Umwelt behaupten, ob sie möglichst optimal an ihre Außenbedingungen angepaßt sind. Für diese Anpassung aber sorgen die beiden wichtigsten Triebkräfte der Evolution, die Mutation und die Auslese.

Wie soll man das verstehen?

Von Zufällen und Umwelteinflüssen abhängige, gelegentliche Veränderungen im Genbestand, Punktmutationen genannt, führen dazu, daß es immer wieder zu kleinen Merkmalsänderungen kommt, die sich für das betreffende Individuum in seiner Umwelt als bessere oder weniger gute Überlebens- und Fortpflanzungschancen auswirken können. Das ist zwar vereinfacht gesagt, trifft aber den Kern: Ohne Wandelbarkeit der Erbanlagen wären die Lebewesen auf der Erde bald ausgestorben, denn ständig gleichbleibende Typen würden der erstbesten Umweltänderung zum Opfer fallen. Und solche Umweltänderungen finden immer und überall statt, abgesehen vielleicht von Extrembiotopen wie der Tiefsee, die sich kaum verändern und deren Bewohner denn auch kaum Wandlungen durchmachen, weil die bereits bewährten Merkmalskombinationen immer wieder herausselektiert werden.

Varianten zu schaffen, das also war das Rezept des Lebens, um sich auf der Erde mit ihren vielerlei Umweltbedingungen weiterzuentwickeln. Hinzu aber kam – schon weniger vom Zufall abhängig – die Selektion, die natürliche Auslese: die am besten angepaßten Individuen hatten die größten Überlebenschancen und den größten Fortpflanzungserfolg. Anders ausgedrückt: Die Bestangepaßten konnten ihre Erbanlagen am sichersten verbreiten, die schlechter Geeigneten sahen sich bei der Fortpflanzung benachteiligt, im Extremfall starben sie aus.

Das funktionierte in früheren Erdzeitaltern allein auf ungeschlechtliche Weise. Geschlechter gab es nicht. Das Leben kannte nur die »Mütter«. Es behauptete sich auch ohne männliche Wesen. Alles, was nötig war, lieferten die Eizellen des weiblichen Urgeschlechts. Die »ungeschlechtliche Fortpflanzung« florierte und erwies sich als erfolgreich. Aber warum kam es dann bei vielen Arten zu Geschlechtswesen, warum entstanden Männchen?

So einfach die Frage, so schwer läßt sie sich beantworten. Eine gängige Hypothese besagt, die Zweigeschlechtlichkeit erhöhe die Vielfalt der Erbanlagen, und dies wiederum beschere den betreffenden Arten bei Umweltänderungen größere Anpassungschancen.

Das will begründet sein. Vordergründig denken wir ja an Mutationen, an zufällige und sprunghafte Änderungen der Erbsubstanz, hervorgerufen durch energiereiche Strahlen, Chemikalien und andere Einflüsse, wenn neue Erbmerkmale entstehen. Doch Mutationen sind nicht allein dafür verantwortlich. Bei den Arten mit zweierlei Geschlecht kommt der »sexuelle Mixbecher« hinzu. Er ist bei ihnen sogar viel wirksamer. Gingen die Nachkommen bei ihnen nur aus den Anlagen des einen Elternteils hervor, so wären sie – abgesehen von zufälligen Mutationen – nur die jeweiligen Kopien des einen oder anderen. Da sie aber aus der unvorhersehbaren Mischung zweier Partner hervorgehen, können sie auch die Merkmale beider in immer neuer Kombination entfalten.

Wie vielgestaltig die Nachkommen des sexuellen Mixbechers ausfallen, sieht man häufig an den Kindern eines einzigen Ehepaares, wenn es nicht gerade eineiige Zwillinge sind. Sie können so unterschiedlich sein, daß man glauben könnte, sie stammten von verschiedenen Elternpaaren ab. Die Chance, ein Wesen mit verändertem Merkmalsbild zu werden, ist mit der geschlechtlichen Vermehrung also verdoppelt.

Verdoppelt ist sie jedenfalls überall dort, wo, wie bei uns Menschen, die Einehe üblich ist. Wo dagegen Polygamie herrscht, sind die Erbanlagen in der Bevölkerung noch bunter gemischt. Dies kann die Einehe zwar nicht entwerten, denn sie hat ja ihre Vorzüge. Es ist aber ein Hinweis darauf, daß die Einehe ein Naturprinzip entschärft. Denn eine sittliche Norm und Zweckmäßigkeitsüberlegungen begrenzen hier die theoretisch mögliche Vielfalt erblich unterschiedlicher Nachkommen.

Was die Wandelbarkeit der Erbausstattungen praktisch bedeutet und wie sie gegebenenfalls zum Überleben der Art in Krisensituationen beitragen kann, läßt sich sehr schön an einem Beispiel zeigen. Eine wichtige Voraussetzung dafür, daß das Ausleseprinzip auch greift, ist bei vielen Arten die »Überproduktion von Nachkommen«. Man denke an die Myriaden von Fischeiern am Grund der Gewässer oder an die Brut der Insekten. Die weitaus meisten dieser potentiellen Nachkommen gehen vorzeitig zugrunde, weil sie von Feinden gefressen werden oder ihr Lebensraum nicht genügend Nahrung für alle liefern kann.

Nehmen wir an, der auslesende Faktor sei das Klima, so überstehen aus der Vielzahl der Nachkommen am besten diejenigen die Herausforderung, die zufällig, ohne daß es ihnen *vor* einer Klimaveränderung zum Vorteil gereicht hätte, eine Erbanlage besitzen, die sie widerstandsfähig gegenüber den neuen Klimafaktoren macht. Ein Beispiel dafür sind stark kälteresistente Wasserflöhe, die in einem jahrelang warmen See kaum Auslesevorteile gegenüber Artgenossen ohne diese Eigenschaft haben. Wenn jedoch eine Klimaänderung das Seewasser unverhofft abkühlt, so sterben die meisten Wasserflöhe wegen der ungewohnten Kälte aus. Die wenigen vorher schon kältefesten Tiere dagegen überleben und werden dank ihres zufällig bestehenden Erbmerkmals zu Stammeltern einer neuen, kälteharten und arterhaltenden Wasserfloh-Rasse.

Extreme Hitze oder kurzfristige Wettererscheinungen wie Kälteeinbrüche, Stürme, Überschwemmungen oder besonders heiße oder feuchte Sommer sind weitere »Prüfsteine«. Sie haben seit jeher mitgewirkt, Tier- und Pflanzenarten immer wieder optimal an ihre Umwelten anzupassen.

Allen diesen Einflüssen waren natürlich auch die Menschen einmal voll ausgesetzt. Auch unter ihnen, soweit sie schwächlich waren, forderten die Naturkräfte ihre Opfer, bis sie gelernt hatten, den Klima- und Wettererscheinungen zu trotzen: Felle, Kleidung, Hütten, Häuser, Heizungs- und Klimaanlagen, kurz- und langfristige Wettervorhersagen sind die Stationen eines

Weges, auf dem der Mensch sich relativ unabhängig von diesen einst dezimierenden Einflüssen machte und ihrem tödlichen Zugriff mehr und mehr entging. Immer weniger kam es im Verlauf seines Hinzulernens darauf an, ob einer eine fettreiche Haut gegen die Kälte besaß oder über eine gute Wärmeregulation seines Körpers verfügte. Dem drohenden Hungertod in Dürrezeiten und strengen Wintern trotzte er durch eine immer verbesserte Vorratshaltung. Mit der Entdeckung potenter Arzneien wie der Antibiotika überlebten schließlich selbst solche Vertreter des Homo sapiens, die ohne jene wegen ihrer schwachen Immunsysteme schon im Kindesalter an Infektionskrankheiten verstorben und damit einer unbarmherzigen Auslese zum Opfer gefallen wären.

Bis dies soweit war, hielt die Auslese ihr strenges Regiment unter den Vor- und Frühmenschen. Doch kam ihnen die Zweigeschlechtlichkeit für ihr Überleben in einer noch »feindlichen« Natur zu Hilfe, da durch sie den Herausforderungen der neuen Umwelt jenseits der Urwälder immer wieder genügend rasch mit neuen Merkmalskombinationen und Anlagen begegnet werden konnte.

Und doch muß die Variabilität der Erbausstattung nicht unbedingt der Grund für die Entstehung der Geschlechter gewesen sein. Es hat andere Erklärungsversuche gegeben, so den, wonach die Anwesenheit männlicher Partner bei der Aufzucht und beim Schutz der Brut hilfreich sei und einen Auslesevorteil bedeutet habe. Doch diese These ist anfechtbar. Denn es gibt viele geschlechtlich sich fortpflanzende Arten, bei denen die Männchen für eben jene Aufgaben gar nicht taugen. Manche sterben bald nach stattgefundener Begattung oder werden vom Weibchen gefressen. Erinnert sei an die Drohnen bei den Bienen oder gewisse kannibalistische Spinnenarten.

Warum also die Geschlechter? Sind sie vielleicht nur eine Laune der Natur?

Das wäre zu simpel gedacht. Eine neuerdings ins Gespräch gebrachte Hypothese besagt, die Männchen könnten eine Art Zuchtexperiment des weiblichen Urgeschlechts gewesen sein. Die ursprünglich allein existierenden weiblichen Wesen hätten irgendwann einmal die Hälfte ihres Erbanlagenbestandes auf »Ballastexistenzen« verlagert. Sie hätten auf diese Weise den aufreibenden Konkurrenzkampf untereinander beenden wollen, um ihn den Männchen zu überlassen. Mochten diese sich um die Gunst der Weibchen balgen, mochte sich dabei die

Spreu vom Weizen sondern. So gehörten die Weibchen nur noch den Besten. Es war gewährleistet, daß nur gesunde und kräftige Genträger für Nachwuchs sorgten. Den Weibchen aber blieb dank der Arbeitsteilung mehr Zeit für ihre eigentlichen Aufgaben: die Ei-Produktion und die Aufzucht der Jungen.

Das alles klingt ziemlich kompliziert und weckt auch Zweifel. Immerhin hat die letztere These manches für sich und gewinnt zunehmend Anhänger. Überlassen wir es den Experten in Sachen Sexualität, sie weiter zu verfolgen.

Was aus der Geschlechterbeziehung im Lauf der Jahrhunderttausende geworden ist, zeigt sich inzwischen als schillernde Palette von teilweise höchst merkwürdigen Phänomenen. Da gibt es – vor allem unter Vögeln – Arten, die ihr Leben lang zusammenbleiben. Hier helfen die Männchen nachhaltig bei der Brutpflege mit. Sie sind auch gewöhnlich ebenso groß wie die Weibchen und sehen ganz ähnlich aus, man denke nur an die Schwäne.

Bei anderen Arten – vorwiegend solchen, die Turnier- oder Kommentkämpfe austragen – unterscheiden sich die Männchen deutlich von den Weibchen. Sie sind in der Regel größer, auffälliger gefärbt und manchmal höchst wehrhaft mit Geweihen oder Hörnern ausgerüstet. Zu diesen Tieren zählen Hirsche und Elefantenrobben, manche Vögel wie Pfauen, ferner Löwen und viele Fische. Die Männchen solcher Arten zeigen gewöhnlich wenig Interesse an der Aufzucht und Pflege der Jungtiere. Dafür übertreffen sie sich oft gegenseitig im Imponierverhalten, im Balzspiel oder bei Scheinkämpfen. Der Konkurrenzkampf zwischen ihnen ist groß. Das bedeutet: Es findet eine scharfe Auslese statt, aus der die am besten Angepaßten mit den größten Chancen hervorgehen, ihre Erbeigenschaften mit denen der Weibchen zu verbinden.

Der Ökologe Burney Le Bœuf hat bei Elefantenrobben vor der kalifornischen Küste festgestellt, daß mehr als 85 Prozent der Kopulationen auf nur vier Prozent der Männchen entfielen. Er schloß daraus, daß auf diese wenigen Männchen aus der Gesamtpopulation sehr wahrscheinlich auch die meisten Befruchtungen kommen – extreme Vielweiberei also, und extreme Auslese unter den Männchen außerdem, denn nur die Kräftigsten vererben ihre Anlagen weiter.

Kein Wunder, wenn unter solchen Umständen die Sorge der Männchen um die Jungtiere praktisch völlig fehlt. Man muß sich ja vorstellen, daß bei Arten, deren Männchen Turnier- oder

Kommentkämpfe veranstalten, theoretisch jedes siegreiche oder dominierende Männchen mit jedem erreichbaren Weibchen kopulieren kann, und mehr oder weniger willig dazu sind die Weibchen während der Brunftzeit alle.

So herrscht zwar kein Mangel an Nachwuchs, doch läßt sich unmöglich sagen, wer im Einzelfall der Vater der jungen Elefantenrobben ist. Während dies bei Arten mit Paarbindung normalerweise der Fall ist, steht bei solchen ohne Paarbindung immer nur die Mutter fest, getreu dem Sprichwort »mater semper certa«, das freilich vielsagend auf den Menschen gemünzt ist.

Vermenschlichen wir ausnahmsweise die Situation bei den Elefantenrobben, so wissen die Männchen natürlich nicht, welches ihre eigenen Sprößlinge und wo ihre Erbanlagen geblieben sind. Das müssen sie jedoch in Kauf nehmen. Würden sich die Männchen intensiv um Aufzucht und Schutz der Jungtiere eines bestimmten Weibchens kümmern, so riskierten sie damit, fremdes Erbgut zu hegen und zu pflegen, was kaum im Sinne der »eigennützigen Gene« wäre. Zudem ginge ihnen durch solchen Pflegedienst wertvolle Zeit für die Ausschau nach neuen kopulationswilligen Weibchen verloren. Daraus folgt: Das Erbgut von Elefantenrobben-Männchen mit Schutz- und Pflegeinstinkten wäre über kurz oder lang dem Untergang geweiht. Mit ihm verschwänden zugleich jene Gene aus der Population, die diese Männchen zu dem bei Arten mit Paarbindung nützlichen, bei Turnierkampf-Arten jedoch schädlichen Pflegeverhalten veranlaßt haben. Es wird bei den Elefantenrobben also alles beim alten bleiben.

Auch bei uns Menschen gibt es – und nicht einmal selten – die Polygamie als Eheform. Wer allerdings glaubt, wir könnten den Elefantenrobben nacheifern, liegt falsch. Polygamie ist dem Homo sapiens zumindest nicht artgemäß, sondern eher ein Zeichen für Geltungsbedürfnis. Die Zahl der Frauen soll zeigen, wie reich der »Herr und Gebieter« ist und was er sich alles leisten kann. Im Extremfall hat er einen Harem. Üblicherweise pflegen wir Menschen in Einehe zu leben. Sogar in ethnischen Gruppen mit Vielweiberei kommt es nicht selten vor, daß die Männer sich mit einer Frau begnügen.

Die Paarbindung beim Menschen entspricht aber auch nach anderen Kriterien der Norm. Dazu gehört, daß die Geschlechtsunterschiede in Größe und Aussehen bei uns Menschen sehr viel geringer sind als die bei nicht paarweise zusammenlebenden Tieren. Zwar entwickeln sich Mann und Frau unterschiedlich – Mädchen sind früher reif als Knaben, Frauen haben Brüste und keinen Stimmbruch und heben sich durch weitere sekundäre Geschlechtsmerkmale von den Männern ab. Insgesamt aber ähneln sich Mann und Frau viel stärker als bei Tieren ohne ausgeprägte Paarbindung.

Was die Menschenpaare gelegentlich belastet, ist die längere fruchtbare Spanne im Leben der Männer und die Tatsache, daß Ehescheidungen heute häufiger vorkommen. Prinzipiell kann daher ein Mann in seinem Leben mehr Ehen gründen und – gemessen an seiner längeren Zeugungsfähigkeit – auch mehr Kindern das Leben schenken als eine Frau. Eine abschließende Bewertung müßte daher lauten, daß die menschliche Gesellschaft zwar überwiegend paarbildend ist, aber doch eine gewisse Neigung zur Polygamie besteht.

Intimes zur Geschlechtlichkeit

Immer wieder rührt es uns an, wie geradezu liebevoll manche Tiermütter ihre Jungen umsorgen, wie sie sie füttern, putzen und »mit Zähnen und Krallen« verteidigen, wenn ihnen Gefahr droht. Vergleiche mit den Menschenmüttern drängen sich unweigerlich auf. So manches entdeckt man da wieder, was schon bei Tieren zum Repertoire der Schutz- und Pflegehandlungen gehört: Das Mund-zu-Mund-Füttern gehört dazu, wie wir es von Säugetieren, Vögeln und staatenbildenden Insekten kennen, das Streicheln und Nasenreiben, das »Köpfchengeben«, wie es die Katzen zur Begrüßung tun, und das Küssen.

Alle diese Begrüßungs-, Gunstbeweis- und Pflegerituale fördern die gegenseitige Bindung der Kinder an die Eltern und im Fall der Erwachsenen die Partnerbindung. Sie können aber auch, wie etwa Umarmung oder Küssen – Vorspiele zu sexuellen Handlungen sein und mithelfen, Hemmschwellen vor dem geschlechtlichen Verkehr abzubauen.

Eindrucksvoll ist die Aufforderungsgeste weiblicher Affen, das »Präsentieren« des Hinterteils, das bei manchen Arten wie den Mantelpavianen noch dazu leuchtend rot gefärbt ist. Diese das Männchen zum Aufreiten einladende Haltung hat seine Parallele bei uns Menschen in den kokettesten Spielarten. Möglicherweise unbewußt davon ausgehend, daß die Vereinigung »a tergo«, also von hinten, eine der urtümlichsten Formen geschlechtlichen Treibens ist, wird das Hinterteil von den voll erblühten weiblichen Jahrgängen auf immer wieder neue und mehr oder weniger attraktive Weise dargeboten. Da erblicken die irritierten oder entzückten Herren der Schöpfung knallenge oder farbenfrohe Shorts und Hosen, die auf nahezu kreislaufhemmende Art die bewußten Rundungen umschmiegen und jede Bewegung sichtbar machen. Da stehen atemberaubende Schaukel- und Schlingerbewegungen jenes Körperteils in nichts jenen der legendären Marilyn Monroe nach, und da wird der die Manneslust erregende Po etwa beim Bäuchlingsliegen am Strand mit aufgestützten Ellenbogen und durchgebogener Wirbelsäule so hoch präsentiert, daß er die Blicke unweigerlich anzieht.

Bei den Affen fordert das präsentierte Hinterteil zwar zur Kopulation auf, es kann aber auch eine andere Bedeutung haben. Wenn sich ein rangniederes Pavianweibchen vom Trupp entfernt, um einem Leckerbissen nachzulaufen, so folgt ihm gewöhnlich rasch ein ranghöheres Tier, um die Unverschämtheit zu bestrafen. In dieser Situation tut das Weibchen das einzig Richtige. Es hebt dem Angreifer sein signalfarbenes Hinterteil entgegen, woraufhin es gewöhnlich unbehelligt bleibt. Das ungehaltene Pavianmännchen wird dann vielleicht noch eine Geste des Aufreitens machen, jedenfalls aber das Verhalten als Demutsgeste deuten und sich wieder abwenden. Für das Weibchen ist der Zweck damit erreicht. Das Signal seiner Unterwerfung hat den Aggressor beschwichtigt.

Und da dieser Trick so gut funktioniert, probieren ihn auch männliche Affen aus, wenn sie sich den Angriffen ranghöherer Affenmännchen ausgesetzt sehen. So jedenfalls deuten Verhaltensforscher die Tatsache, daß beispielsweise beim Mantelpavian auch die Männchen leuchtend rote Hinterbacken zur Schau tragen, die die brunstgeschwollenen weiblichen Körperteile gewissermaßen imitieren. Mit dem Präsentieren des Hinterteils können jedenfalls auch rangniedere Männchen ranghöhere besänftigen.

Ist es hergeholt, hier an jenes Verhalten gewiefter Verkehrssünder zu denken, mit dem sie das Auge des Gesetzes gegebenenfalls noch im letzten Augenblick von einer fälligen Geldbuße absehen lassen? Der Trick besteht darin, statt sich auf ein Streitgespräch mit dem Beamten einzulassen, sogleich reuevoll seine Tat zu bekennen, dem Mann mit ausgesuchter Höflichkeit zu beteuern, wie sehr er im Recht sei und daß man die begangene Ordnungswidrigkeit zutiefst bedauere. Zwar gelingt die Umstimmung nicht immer. Doch gelegentlich hat sie Erfolg, und dies zumal dann, wenn es sich um eine Verkehrssünderin handelt.

Wir wollen mit unseren Vergleichen aber nicht zu weit gehen und immer wieder betonen, daß es sich manchmal nur um Parallelen, nicht um stammesgeschichtlich erklärbare Erscheinungen handelt. Mit allem Vorbehalt möge daher auch das Folgende verstanden sein – eine Betrachtung darüber, ob geschlechtlicher Verkehr allein der Zeugung neuen Lebens zu dienen habe oder ob ihm darüber hinaus eine soziale Funktion zukomme, die zur Partnerbindung beiträgt und ganz bewußt die Möglichkeit einer Befruchtung ausschließt.

Eine kompromißlose Auffassung hierzu vertritt bekanntlich die katholische Kirche mit ihrer für Strenggläubige verbindlichen Morallehre. Diese fordert, um es kurz zu sagen, daß bei jedem Geschlechtsverkehr die Möglichkeit der Empfängnis gegeben sein muß. Dementsprechend werden alle künstlichen empfängnisverhütenden Mittel oder Praktiken bis auf die Zeitwahlmethode abgelehnt. Selbst die Zeitwahl wird nur erlaubt, wenn »ernste Motive« dafür sprechen.

Grundlage der katholischen Haltung ist die Enzyklika ›Casti conubii‹ (päpstliches Rundschreiben ›Der reinen Ehe‹) des Papstes Pius XI. vom 31. Dezember 1930. Darin heißt es einleitend: »... denn sie, die Kirche, hat Christus der Herr selbst zur Lehrerin der Wahrheit bestellt, auch zur Leitung und Führung im sittlichen Leben...«

Über die Empfängnisverhütung sagt die Enzyklika: »... es gibt keinen auch noch so schwerwiegenden Grund, der etwas innerlich Naturwidriges zu etwas Naturgemäßem und sittlich Gutem machen könnte. Da nun aber der eheliche Akt seiner Natur nach zur Weckung neuen Lebens bestimmt ist, so handeln jene, die ihn bei seiner Tätigkeit absichtlich seiner natürlichen Kraft berauben, naturwidrig und tun etwas Schimpfliches und innerlich Unsittliches...«

Da die katholische Morallehre den Gläubigen auf diese Weise Verhaltensanweisungen für ihr sexuelles Leben gibt und dazu den Maßstab der »Naturtreue« anlegt, mag zu fragen erlaubt sein, ob dieser Begriff nicht doppelbödig verwendet wird. Wo, beispielsweise, bleibt die Naturtreue bei der von der Enzyklika erlaubten Zeitwahlmethode, wenn Mann und Frau gerade in jenen Tagen, an denen die Frau ihren Mann am leidenschaftlichsten begehrt, vom Verkehr absehen sollen, um eine unerwünschte Empfängnis zu vermeiden? Denn darauf läuft die päpstliche Weisung hinaus.

Toleranter beurteilt die anglikanische Kirche das delikate Problem – jene Glaubensgemeinschaft, die ihrem Wesen nach zwischen der katholischen und der evangelischen steht. Ihren Standpunkt verdeutlichte einmal der anglikanische Kanonikus H. G. Warner:

»Die sexuelle Vereinigung hat zwei Zwecke: die Gemeinschaft zwischen den Ehegatten und die Fortpflanzung. Wenn es moralische Gründe gibt, die Gemeinschaft durch die sexuelle Vereinigung zu verwirklichen, ohne dem (ja nur akzidentellen) Zweck der Fortpflanzung eine Chance zu geben, so ist im Gebrauch materieller Hilfsmittel keinerlei Sünde zu finden, denn diese begünstigen den Zweck der Gemeinschaft, der ohne sie nicht verwirklicht werden kann.«

Ähnlich großzügig, wenn diese Bezeichnung hier angemessen erscheint, verhält sich die evangelische Kirche zur Bedeutung des Sexuellen in der Ehe. Auch nach ihrer Auffassung ist das Kinderzeugen nicht der alleinige Zweck des Beischlafs. Der Jesuitenpater Lestapis schreibt dazu in seinem Buch ›La limitation des naissances‹, dieses Denken finde sich bereits bei Calvin, »der der Ehe vor allem anderen den Wert der gegenseitigen Hilfe von Mann und Frau gab, nach dem Wort der Schrift: ›Es ist nicht gut, daß der Mann allein sei.‹ Denn der Plan Gottes bei der Erschaffung der Frau war, ›daß es auf der Erde menschliche Wesen gebe, die befähigt sind, zusammenzuwirken, um eine Gemeinschaft zu bilden‹. Diese Beziehung schließt die Sexualität nicht aus, aber im Denken des Genfer Reformators kommt sie erst als zweites, nach dem ›Prinzip der Gemeinschaft‹. Der tiefere Grund für das zweite Geschlecht ist nicht sexueller, sondern sozialer Natur. Die Frau ist zunächst Gefährtin des Mannes, erst in zweiter Linie Trägerin der Fortpflanzung. Genau diesen Gedanken nimmt der zeitgenössische Protestantismus wieder auf.«

Ein letzter Gesichtspunkt, auf den der Internist August Wilhelm von Eiff aufmerksam macht, mag die Fragwürdigkeit der katholischen Lehre vom ausschließlichen Fortpflanzungszweck ehelicher Vereinigungen noch deutlicher zeigen. Wie von Eiff betont, ist der Mensch erst mit der Vergrößerung seiner Großhirnrinde zur »Person« und erst damit auch liebesfähig geworden. Während der sexuelle Akt bei unseren Vorfahren eine der Fortpflanzung dienende Instinkthandlung gewesen sei, könne dies heute nicht mehr dessen hauptsächlicher Zweck sein. Vielmehr gebe es Liebe unter den Menschen auch dann, wenn die Möglichkeit einer Schwangerschaft ausgeschlossen würde.

Der Versuch, nach diesem Ausflug in die Moraltheologie die vergleichende Ethologie zu bemühen, um vielleicht bei Menschenaffen oder Pavianen Hinweise auf ein nicht der Fortpflanzung dienendes Kopulationsverhalten zu entdecken, mag frivol erscheinen. Einschlägige Befunde etwa können denn auch kein Alibi oder gar eine Rechtfertigung für eine Lebensweise jener sein, die die Verantwortung dafür allein tragen wollen. Allerdings hätten wir es mit Verhaltensformen zu tun, die im Sinne des Buchthemas erwähnenswert sind.

So konnte man bei Pavianen feststellen, daß mehrere nicht zur Befruchtung führende Kopulationen geradezu die Voraussetzung dafür sind, daß es bei einer späteren zur Befruchtung kommt. Anders gesagt: Zahlreiche Geschlechtsakte der Männchen mit den Weibchen erfüllen hier den alleinigen Zweck der Partnerbindung und der Vorbereitung auf die Empfängnis. Es ist nachgewiesen, daß Pavianmännchen im Abstand von einigen Minuten die Weibchen bespringen, ohne zu ejakulieren. Erst nach diesem Vorspiel kommt es später auch zum Samenerguß. Ähnliches Verhalten findet man auch bei anderen Tieren. Nicht immer folgt der Kopulation die Befruchtung, und nicht immer soll sie offenbar diesem alleinigen Zweck dienen.

Was die Sozialfunktion menschlicher Sexualität betrifft, so rechtfertigt sich jedenfalls – allein schon angesichts der erschreckenden Bevölkerungsexplosion auf der Erde – der Gebrauch künstlicher Verhütungsmittel. Ich folge hier ohne Einschränkung der Auffassung des Verhaltensforschers Wolfgang Wickler, der darüber in seinem Buch ›Die Biologie der Zehn Gebote‹ schreibt:

»Die immer noch umstrittene Anwendung von sogenannten Verhütungsmitteln läßt sich... mit den Forderungen der Biologie ebenso in Einklang bringen wie mit den Forderungen der Ethik. Es scheint sogar die dem Menschen heute angemessene Lösung für seine durch menschlich-ethische Forderungen aufgeworfenen biologischen Probleme zu sein. Damit ist weder behauptet, daß es nicht noch bessere Lösungen geben, noch daß der Gebrauch von Verhütungsmitteln amtlich befohlen werden kann. Wohl aber möchte ich behaupten, daß ein generelles Verbot der Anwendung von Verhütungsmitteln, wie es vom derzeitigen Papst wiederholt ausgesprochen wurde, jeder Begründung durch eine natürliche Gesetzlichkeit entbehrt, also widernatürlich ist – und zwar auch dann, wenn man sich auf die besondere Natur des Menschen bezieht, weil er sich ja der ›Erde‹ als der übrigen Schöpfung nicht unterwerfen, sondern über sie herrschen soll...

Ebenso widernatürlich ist eine Sexualmoral, die nicht berücksichtigt, daß viele Verhaltenselemente, die auch im Begattungsvorspiel vorkommen, nicht nur oder nicht einmal vorwiegend der Bindung der Partner und ihrer vollkommeneren Abstimmung aufeinander dienen. Die meisten Zärtlichkeiten außerhalb des unmittelbar sexuellen Geschehens sind nicht etwa fehl am Platz, sondern für die Aufrechterhaltung einer echten Partnerschaft unumgänglich.«

Wohl oder übel müssen wir nun auch auf die übertriebene sexuelle Betätigung eingehen, jenen Mißbrauch also, der weit über das hinausgeht, was der weise Martin Luther mit seiner Mahnung zu beherzigen empfahl: »In der Woche zwier, kann nicht schaden ihm und ihr.«

Wohl alle Eltern berührt es einigermaßen peinlich, wenn ihre Kinder im Zoo vor dem Affen- oder Paviangehege dem ungenierten sexuellen Treiben der Tiere zuschauen. Auf die Frage der Kleinen, was die Affen denn da machen, weiß man gewöhnlich nicht recht zu antworten, es sei denn, es fiele einem das einzig zutreffende ein, nämlich, daß die Affen Langeweile haben.

Denn in Wahrheit geht die ausschweifende Sexualität der Zoobewohner auf deren Untätigkeit, auf die Abwesenheit von Feinden und die regelmäßige Futterversorgung zurück. Was in freier Wildbahn nur hin und wieder vor sich geht, geschieht hier nahezu permanent und zum Zeitvertreib. »Hypersexualität« sagt der Sexualkundler. Findet sich kein Partner, so greifen die Tiere auch zur Selbsthilfe und masturbieren – auch dieser Anblick bleibt den Zoobesuchern nicht erspart. Der Zoologe Desmond Morris teilt dazu mit:

»Man hat viele Zootiere masturbieren gesehen, wenn sie allein gehalten wurden. Besonders häufig ist Selbstbefriedigung bei Affen und Menschenaffen. Die Männchen reizen den Penis mit der Hand oder dem Fuß, manchmal mit dem Mund und gelegentlich auch mit dem Ende des Greifschwanzes. Männliche Elefanten bedienen sich des Rüssels; Elefantenweibchen einer Herde, bei der es keinen Bullen gab, stimulierten sich die Genitalien gegenseitig ebenfalls mit dem Rüssel. Man hat sogar ein allein im Käfig gehaltenes Löwenmännchen beobachtet, wie es sich mit dem Rücken gegen eine Mauer aufrichtete und mit den Tatzen masturbierte. Von männlichen Stachelschweinen ist bekannt, daß sie auf drei Beinen herumliefen, während eine Vorderpfote das Genital hielt. Und ein männlicher Delphin hatte sich eine Methode ausgedacht, seinen erigierten Penis in den kräftigen Strahl eines Wasserzustroms seines Beckens zu halten. Auch Sexträume scheinen bei Tieren vorzukommen: Bei Hauskatzen hat man beobachtet, daß ihr Penis während des Schlafes erigierte und es schließlich zu voller Ejakulation kam.«

Der Rückschluß auf uns Menschen fällt hier leicht. Sicher nicht zu Unrecht darf man davon ausgehen, daß unter den sorglos Lebenden, den »Playboys« und »Playgirls« der sexuelle Lustgewinn im Leben eine wichtige Rolle spielt. Nicht zufällig ist die lockere Moral dieser Kreise im Volksmund geradezu sprichwörtlich. Und als hätte die Natur etwas gegen das andere Extrem, also eine allzu keusche Lebensweise, die sogar die Selbstbefriedigung aus religiösen Gründen verschmäht, so erzwingt sie bei enthaltsam lebenden Männern den Samenerguß unter entsprechenden Träumen gelegentlich im Schlaf.

Auch die abstinent lebende Frau erlebt zuweilen heftige nächtliche Orgasmen mit Muskelkontraktionen des Uterus und lebhafter Sekretion aus der Scheide. Daß dies von manchen der Betroffenen gern in verklärender Sprache und als »überirdische Erfahrung« geschildert wird, muß wohl ihrer gläubigen Befangenheit zugeschrieben werden. »Die heilige Teresa zum Beispiel beschreibt«, lesen wir bei Morris, »wie die Vision eines Engels über sie kam: ›In seinen Händen erblickte ich einen langen goldenen Speer, dessen eiserne Spitze eine Flammenzunge zu sein schien. Es war mir, als durchbohre er mehrere Male mein Herz, so daß die Spitze in mein Inneres drang. Als er den Speer herauszog, hatte ich die Vorstellung, er ziehe mein Inneres mit, und er ließ mich zurück in einer alles verzehrenden Liebe zu Gott. Der Schmerz war so jäh, daß ich mehrere Male laut aufstöhnte, und so überwältigend war die Süße, die mir der tiefe Schmerz bereitete, daß ich wünschte, sie solle nie aufhören.‹«

Um der Normalität wieder die Ehre zu geben, helfen maßvolle sexuelle Kontakte zweifellos mit, die Partnerbindung zu festigen. Unnötig auch zu sagen, daß dazu das große Repertoire verbaler Zärtlichkeiten und das gehört, was der Volksmund »Streicheleinheiten« nennt. Und als wäre es ein ungeschriebenes Gesetz, geht die Initiative zu sexuellen Kontakten seit je und noch immer meist vom Manne aus.

Noch einen weiteren Unterschied zwischen den Geschlechtern müssen wir erwähnen – den der Orgasmusfähigkeit. Auch dafür gibt es interessante Befunde in unserer stammesgeschichtlichen Vergangenheit. Sieht man sich unter den Säugetieren um, so erleben die Weibchen bei ihnen wahrscheinlich keinen Orgasmus, ausgenommen vielleicht die Weibchen der Menschenaffen. Bei den Affenmännchen dagegen ist wie beim Menschenmann der Orgasmus die Voraussetzung für den Samenerguß. Das bedeutet zugleich, daß hier wie beim Menschen der Fortpflanzungserfolg von der Orgasmusfähigkeit des männlichen Geschlechts abhängt. Die Erbanlagen von Männern, die keinen Orgasmus erleben und daher beim Geschlechtsakt auch keinen Samen ausstoßen, würden von der Auslese rasch vom weiteren Fortgang der Stammesgeschichte ausgeschlossen.

Es mag dahingestellt bleiben, ob die Orgasmus-Unfähigkeit bei Frauen etwas mit dem augenscheinlich ähnlichen Schicksal der Weibchen unter unseren äffischen Vorfahren zu tun hat. Möglich wäre es immerhin. Bemerkenswert jedenfalls ist, daß Frauen, die nie oder nur selten das Erlebnis eines voll befriedigenden Orgasmus haben, zwar im einen oder anderen Fall den Partner weniger sexuell begehren mögen oder gar frigide werden, aber deshalb durchaus nicht weniger fruchtbar sein müssen. Viele Frauen machen die Erfahrung, an den Tagen vor und während des Eisprungs sexuell zugänglicher zu sein als sonst. Auch gibt es jahreszeitliche Höhepunkte. Ähnliches erleben die Weibchen der Menschenaffen als hormonell gesteuerte Phasen mit gesteigertem Geschlechtstrieb. Anderswo in der Tierwelt hat man dafür Ausdrücke wie »rollige Katzen«, »läufige Hunde«, »rossige Stuten«, »brünftige Hirsche« und ähnliche.

Die Ähnlichkeiten im sexuellen Hormongeschehen reichen offenbar weit in unsere stammesgeschichtliche Vergangenheit zurück. Entsprechungen des Monatszyklus der Frau finden sich vor allem bei den Schimpansen, womit einmal mehr deren enge Verwandtschaft zu uns Menschen deutlich wird. Alle vier Wochen reifen im einen oder anderen Eierstock der Schimpansenweibchen Eizellen heran. Hat die Eizelle eine bestimmte Größe erreicht, platzt die sie umgebende Hülle, das Eibläschen oder der Follikel. Das Ei wird frei. Es gerät in das trichterförmige Ende eines Eileiters und wandert durch ihn hindurch in die Gebärmutter, den Uterus.

Bleibt die Eizelle auf ihrem Weg dorthin unbefruchtet, so geht sie zugrunde. Die zu ihrer Einnistung ausgebaute, reich durchblutete Schleimhautschicht im Uterus wird während der Monatsblutung abgestoßen. Dann beginnt der Zyklus von vorn. Trifft das Ei unterwegs auf befruchtungsfähige Samenzellen, so wird es von ihnen umschwärmt. Eine der Zellen dringt schließlich in das Ei ein: es wird befruchtet, wird zur »Zygote«. Während es weiterwandert, beginnt es sich zu teilen und erreicht nach etwa drei Tagen die Gebärmutter.

In diesem Stadium nistet sich der junge Embryo in der nun erhalten bleibenden Gebärmutterschleimhaut ein. Aus Schleimhaut- und Embryozellen entsteht der Mutterkuchen, der den weiter wachsenden Keim über den mütterlichen Kreislauf mit Nährstoffen versorgt.

Dieses komplexe Geschehen findet nicht zufällig statt, sondern wird sowohl bei der Menschenfrau wie beim Schimpansenweibchen von Hormonen gesteuert. Sie bilden sich an drei Stellen: in der Hirnanhangdrüse (der Hypophyse, einem Abschnitt des Zwischenhirns), in den Eierstöcken und im Mutterkuchen. Über den Blutkreislauf gelangen die Hormone im Körper überall hin, nur an ihren »Zielorganen« jedoch werden sie wirksam und geben ihre »Botschaft« ab.

So reift unter dem Einfluß des follikelstimulierenden Hormons der Hypophyse (FSH) in den Eibläschen die Eizelle heran. Erreicht das Eibläschen einen bestimmten Reifegrad, dann beginnen auch seine Zellen, eine Gruppe von Hormonen herzustellen, die man Östrogene nennt, unter ihnen vor allem Östradiol. Die Östrogene wirken einerseits auf die Hypophyse zurück, zum anderen auf die Gebärmutter. In der Hypophyse bremsen sie vorübergehend die Produktion des follikelstimulierenden Hormons, damit nicht noch weitere Eizellen heranreifen. Im Uterus lassen sie die Schleimhaut wachsen.

Es würde zu weit führen, die hormonellen Vorgänge im weiblichen Organismus während der Schwangerschaft noch weiter zu verfolgen; festhalten wollen wir lediglich, daß die Ähnlichkeiten zwischen Mensch und Schimpanse außerordentlich frappierend sind. Und das trifft auch für das männliche Geschlecht zu. Bei den Menschenaffen-Männchen ist es wie beim Menschenmann vor allem das Testosteron, das als männliches Sexualhormon dem Follikelhormon entspricht. Es bildet sich in den Hoden und sorgt im jugendlichen Alter dafür, die äußeren Geschlechtsmerkmale zu entwickeln. Im geschlechtsreifen Alter hält es den Sexualtrieb wach.

Sogar gewisse Eigentümlichkeiten beim Werben um das andere Geschlecht und im Paarungsvorspiel beim Menschen legen Vergleiche zum Verhalten früher oder frühester Vertreter im Stammbaum des Lebendigen nahe oder lassen sich von diesen ableiten. Spezielle Rituale, die der Paarung, dem Nestbau oder dem Eierlegen vorausgehen, gibt es bei vielen Tieren bis hinab zu den Würmern. Bei den Plattwürmern wollen Phantasiebegabte »homosexuelle Vergewaltigungen« entdeckt haben, bei den Kröten beobachtet man »Klammerreflexe« und dergleichen mehr. Je höher eine Art im Stammbaum angesiedelt ist, um so mehr ähnelt das Verhalten vor und während der Kopulation erwartungsgemäß dem menschlichen. Ausgelöst wird es durch visuelle, taktile und akustische Reize. Sie alle können von einem oder beiden Partnern ausgehen.

Viel hängt vom Geruchssinn ab. Ein Rhesusaffenmännchen,

dessen Nase man verstopft, verliert sofort sein Interesse an einem Weibchen, das es vorher heftig umworben hat. Uninteressiert bleibt das Männchen, wenn man ein Weibchen ohne Eierstöcke in seine Nähe bringt. Bestreicht man dagegen dessen Hinterteil mit dem Scheidensekret eines gesunden Weibchens zum Zeitpunkt des Eisprungs, so reagiert das Männchen sofort wieder mit Annäherungsversuchen. Seine Erregung läßt sich regelrecht »abrufen«, sobald man das Hinterteil eines sterilen Weibchens mit jenen auch synthetisch herstellbaren Duftstoffen des Scheidensekrets bestreicht.

Wir alle wissen: Auch bei uns Menschen spielen Gerüche für das Sexualverhalten eine beträchtliche Rolle. Von ungezählten Parfums, duftenden Cremes und Wässerchen, deren Wohlgeruch die Männer erliegen, lebt weltweit eine riesige Industrie. So manche Partnerbeziehung hat mit dem betörenden Duft begonnen, der die Erwählte im entscheidenden Augenblick umgab.

Bleiben wir aber bei den natürlichen Gerüchen des weiblichen Intimbereichs. Chemische Analysen haben da aufschlußreiche Einsichten offenbart. So besteht das Vaginalsekret der Frau um die Mitte ihres Monatszyklus mehr oder weniger aus den gleichen Bestandteilen – fünf spezifischen Fettsäuren – wie das Sekret des Rhesusaffenweibchens. In beiden Fällen kommen diese Fettsäuren zur Zeit des Eisprungs besonders hoch konzentriert vor. Ein Versuch mit mehreren Männern ergab, daß ihnen der Geruch des Vaginalsekrets (oder soll man sagen, dessen Duft?) um die Mitte des Zyklus wesentlich angenehmer erscheint als zu anderen Zeiten. Das deutet auf einen wechselnden Anteil der beteiligten Sekretbestandteile hin. Auf das gegenseitige Beschnüffeln der Genital- und Analregion bei Hunden brauchen wir hier nicht einzugehen.

Was für gewisse Gerüche gilt, auf die nicht nur die Menschenmänner »ansprechen«, sondern auch ihre Geschlechtsgenossen unter Säugetieren, trifft in ähnlicher Weise auch für akustische Signale. Auch sie begleiten entweder den sexuellen Kontakt oder gehen ihm voraus. Das »Röhren« der Hirsche, jene unheimlichen Imponierlaute während der herbstlichen Brunft, mag zwar dem Kampfgebrüll primitiver Krieger entsprechen, doch ist die Vermutung nicht abwegig, daß es auch auf die Paarungsbereitschaft der Hirschkühe gemünzt ist.

Bei zahlreichen Tierarten wird das Balzspiel von Lock- und Werbelauten begleitet, nicht selten geht die Kopulation selbst mit lustvollen Geräuschen einher. Erinnert sei an die Balzgesänge der Auerhähne, an die Vogelstimmen im Frühjahr (die allerdings auch der Revierverteidigung dienen), an das »Ku-ku-ru-ku-ku« der Ringeltauben (die als Augentiere übrigens auch stark auf visuelle Reize ansprechen), auf den Ruf des Pfaus und ähnliche Stimmen mehr. Würde man seiner Phantasie die Zügel schießen lassen, so fände man womöglich im Aufstöhnen beim Orgasmus eine Entsprechung im Wollust-Laut der Ratten, der – von empfindlichen Meßgeräten registriert – von Wissenschaftlern als »nachejakulatorischer Überschallgesang« beschrieben wird.

Vom Protzen mit der Manneskraft

Wer einem andern drohen will, zeigt ihm die geballte Faust. Er schüttelt den Arm, wirft wütende Blicke, Schimpfworte fallen...

Diese Gesten des Zorns sind so alltäglich, daß wir kaum noch fragen, ob sie vielleicht mehr beinhalten als die symbolische Warnung: »Hüte dich, ich könnte dir die Zähne einschlagen!«

Folgt man dem Altvater der Psychoanalyse, dem Wiener Arzt und Psychologen Sigmund Freud, so kann der hochgereckte Arm auch den erigierten Penis versinnbildlichen – als Symbol für Lebenskraft, Männlichkeit und Stärke. Die Geste als solche aber dürfte zurückgehen auf uralte Gebärden, wie wir sie bei unseren stammesgeschichtlichen Verwandten noch immer antreffen. Sie hängen eng mit dem sexuellen Tun zusammen, bei dem der männliche Partner normalerweise die aktive, der weibliche die passive Rolle spielt.

Bei den Säugetieren wie beim Menschen wird das männliche Glied bei der Begattung in die Scheide des Weibchens eingeführt und bis zum Orgasmus rhythmisch gestoßen. Bei den Affen hebt das Weibchen dazu sein Hinterteil, damit das Männchen bequem aufreiten kann. Dies geschieht allerdings nicht immer und unbedingt als Aufforderung zum sexuellen Verkehr, sondern kann auch, wie wir gesehen haben, als Zeichen der Unterwürfigkeit verstanden werden. Das Männchen nutzt dann die Gelegenheit, durch flüchtiges Bespringen des Weibchens seinen höheren Rang zu demonstrieren. Man könnte dies als »Status-Sex« bezeichnen.

Dieser Angeberei kommen die verschwenderischen Farben entgegen, mit denen die Natur die Männchen zahlreicher Affenarten im Genital- und Analbereich ausgestattet hat. Denn die Farben eignen sich vortrefflich dazu, den Rang innerhalb der Sippschaft zu unterstreichen. Nicht selten sieht man da einen hochrot leuchtenden Penis auf intensiv blauem Haut-Untergrund über den Hoden. Und als wüßten diese Männchen um die Wirkung ihres »Aushängeschildes«, sitzen sie gelegentlich in geradezu exhibitionistischer Pose mit gespreizten Schenkeln da und zeigen den anderen Affen ihre Geschlechtskraft. Auch suchen sie mit solchem Zurschaustellen rudelfremde Affen einzuschüchtern, die in das eigene Revier eindringen wollen. Sie halten dann an den Reviergrenzen »Wache«. Nähern sich sippenfremde Artgenossen in aggressiver Absicht, richtet sich der Penis drohend auf. Manchmal werde er, wie Desmond Morris berichtet, auch drohend »gegen den Bauch geschlagen«.

Von den Totenkopfäffchen weiß man, daß gereizte ranghohe Männchen sich auf Tuchfühlung zu dem Herausforderer begeben und diesem ihren erigierten Penis »unter die Nase halten«. Nach alledem verwundert es jedenfalls nicht, wenn die alten Ägypter einen Affen – den Mantelpavian – als Inbegriff sexueller Potenz verehrten und die Männchen auf Zeichnungen und figürlichen Darstellungen mit voll ersteiftem Penis zeigten. Starb ein männlicher Mantelpavian, so wurde er in eben jenem Erregungszustand einbalsamiert und prunkvoll begraben.

All dies spricht dafür, daß sexuelle Handlungen und Gebärden unter den Vorfahren des Menschen durchaus nicht nur der Fortpflanzung, sondern mancherlei außergeschlechtlichen Zwecken dienten, und zwar sowohl solchen des Drohens und Imponierens, als auch solchen der Unterwerfung.

Was von alledem finden wir beim Menschen wieder?

Gehört es hierher, daß dort, wo die körperliche Züchtigung noch zu den Erziehungsmethoden in den Schulen zählt, der Lehrer den Schüler zwingt, sich vor seinen Stockhieben zu bücken, ihm sein Hinterteil mit prall gespannter Hose hinzustrecken und damit die Unterwerfungsgeste zu machen? Hat es vorzeitliche Wurzeln, wenn wir Wut oder Verachtung dadurch ausdrücken, daß wir den steif aus der geballten Faust aufgereckten Mittelfinger zeigen? Denn der Finger symbolisiert hier unmißverständlich den erigierten Penis, die übrigen, zur Faust geschlossenen Finger der Hand verkörpern die Hoden. Auf diese schon im Altertum benutzte Drohgebärde geht es zurück, daß die alten Römer den Mittelfinger den »unzüchtigen Finger«, den »digitus infamis« nannten. Im Lauf der Jahrhunderte geriet die Geste zwar vielerorts in Vergessenheit, lebt aber neuerdings auch im europäischen Raum wieder auf.

Um die männliche Kraftfülle, um Herrschaftsansprüche, ja bei passender Gelegenheit auch ein Gewaltmonopol zu demonstrieren, erfreuen sich Phallus-Symbole weltweit großer Beliebtheit. In Gebärden, in der Malerei und der bildenden Kunst (hier vor allem) – immer wieder stoßen wir auf die aufgereckte Figur, vom drohenden Zeigefinger bis hin zum weithin sichtbaren Obelisken. Je größer, gewalttätiger und bedrohlicher sie gestaltet ist, um so stärkeren Eindruck soll sie auf alle machen, die ihrer ansichtig werden.

Wer in Griechenland reist, kennt die phallischen Gebilde von Museumsbesuchen und Andenkenläden. Zumal in den letzteren feiern sie wahre Orgien. Die an Lasterhaftem bekanntlich nicht arme Sagenwelt der griechischen Altvordern erweist sich da als ergiebige Fundgrube für Einschlägiges. Gestalten aus der griechischen Mythologie sieht man in Sexprotze verwandelt, daß einem der Atem stockt.

Einen zunächst schockierenden Anblick bieten auch die Männer der Bergpapuas auf Neuguinea, und dies zumal dann, wenn sie Stammesfehden austragen. Die Krieger stülpen dann dünne, teils meterlange Röhrchen über den Penis, und damit die Zierde ihrer Männlichkeit nicht seitlich abkippt, befestigen sie eine Schnur am oberen Ende und schlingen diese um die Hüfte. Die Verlängerung des männlichen Geschlechts soll auch hier offensichtlich Kraft signalisieren und dem Betrachter zu verstehen geben, mit welch gefährlichem Gegner er sich einlassen würde.

Phallische Darstellungen oder solche, die dafür gehalten werden, finden sich in allen Erdteilen und bei allen Völkern. Jeder mit der Freudschen Traumdeutung Vertraute weiß, daß der Meister die verschiedensten Gegenstände als Phallusgebilde auslegte. Alles, was spitz, schlank oder wurstförmig aussah, galt als phallusverdächtig. Es betraf Baumstämme ebenso wie Stöcke, Federhalter, Tabakspfeifen und Wachskerzen. Das männliche Glied erschien in Schläuchen, aus denen Wasser spritzt, in Schlüsseln, die in Schlösser passen, Bratwürsten, Speeren, Schornsteinen, Stierhörnern und sogar Hochhäusern, während andererseits Hohlformen wie Flaschen, Tüten, Becher, Tonnen, Höhlen, Röhren, Töpfe, Hauseingänge und ähnliches das weibliche Genital verkörperten. Der Einbildungskraft waren keine Grenzen gesetzt. Ein besonders attraktives Beispiel für die noch immer rege Phantasie der Freud-Anhänger schildert Desmond Morris in seinem Buch ›Der Menschen-Zoo‹. Da heißt es: »Sehr schön illustriert das der Sportwagen: Immer strahlt er kühne, aggressive Männlichkeit aus – beträchtlich unterstützt von ihren phallischen Qualitäten. Gleich dem Penis eines Pavians reckt er sich, lang, glatt und glänzend, drängt mit großer Energie voran und hat zudem häufig eine knallrote Farbe. Der Mann im offenen Sportwagen ist nur ein Teil einer höchst stilisierten phallischen Plastik –

sein Körper ist verschwunden und alles, was sichtbar bleibt, sind, winzig klein, Kopf und Hände, die einen langen, glänzenden Penis krönen.«

Morris läßt seiner Vorstellungskraft freien Lauf, wenn er selbst im Formwandel der Gitarre Hinweise auf Sexuelles und den vor allem bei Rock-Musikern auf der Bühne ausgeprägten Hang zur Selbstdarstellung entdeckt. Während das gute alte Zupfinstrument noch eher weibliche Formen gehabt hätte und man es fast zärtlich »liebkosend« zur Brust nahm, so trügen die heutigen elektrischen Gitarren ausgesprochen männliche Züge. Der Gitarrenkörper sei flachgedrückt mit langem Hals, der Resonanzboden habe die Form von Hoden, der Hals entspreche dem Penis. Die Spieler ihrerseits verstärkten diesen Eindruck, indem sie die Gitarren immer tiefer und deren Hals immer steiler hielten. Dazu machten sie auch noch unzweideutige Bewegungen mit dem Becken.

Phallische Gebilde als zauberkräftige Fetische – auch das kommt vor. Wenn die alten Römer ihr Fest zu Ehren des Fruchtbarkeitsgottes Liber feierten, transportierten sie einen riesigen Phallus auf einem reichgeschmückten Wagen im Triumphzug ins Forum. Dort oblag es edlen Römerinnen, die in ihrer Bedeutung allen bekannte Figur zu schmücken, woraufhin dann ein feierliches Ritual zu Ehren der Gottheit stattfand.

Hält man sich vor Augen, daß die Paarung bei vielen Tieren als gelinde Vergewaltigung abläuft, so mag auch bei jenen Männern ein Urtrieb mitspielen, die geschlechtlicher Verkehr erst dann befriedigt, wenn sie eine Frau dazu zwingen können. Wir treffen auf diese abnorme Begierde in mancherlei Varianten. Eine davon, die vordergründigste, ist die Notzucht. Hier kosten die Männer offenbar auch noch das Überlegenheitsgefühl über das »zu erniedrigende«, dem Mann »sich beugende« Weib aus. Dabei ist das Wort »beugen« durchaus verräterisch insofern, als es wieder einmal an die gebückte Haltung erinnert, zu der einst der rohrstockschwingende Lehrer seine Schüler zwang.

Leider stellt sich hier die Frage, ob nicht nur Ausnahmenaturen, sondern mehr oder weniger allen Männern die Neigung innewohnt, Frauen beherrschen zu wollen. Wie, beispielsweise, kommt die Vorliebe von Männern für erotische Darstellungen in einschlägigen Magazinen mit Millionenauflagen zustande? Warum existieren so wenige entsprechende Publikationen für das weibliche Geschlecht? Ist es das in der Phantasie erlebbare Besitzergreifen jener attraktiven Modelle, die sich da in immer neuen und aufregenderen Positionen darbieten?

Eine Möglichkeit, den Überlegenheitskomplex, dieses »Besitzenwollen« des weiblichen Körpers konkreter auszuleben, bieten die Freudenhäuser. Hier unterwirft der Mann die Frau mit seinem Geld, erzwingt sozusagen »spielerisch« die Unterwerfung und erreicht sie, weil sie – zumindest scheinbar – zum Beruf der Prostituierten gehört. Selbst der verklemmteste, der unansehnlichste Mann kann sich dann – wenn auch nur kurzfristig und abhängig von seiner Börse – jene Befriedigung erkaufen, die ihm anderweitig möglicherweise versagt bleibt. Von den kriminellen Auswüchsen dieses Triebes, den ermordeten Liebesdienerinnen, von sadistischen Praktiken, vom Foltern und Töten vergewaltigter Frauen wollen wir schweigen.

Offenkundig entspringt auch die Vorliebe mancher Männer, mit ihren sexuellen Erfolgen bei Frauen zu prahlen und immer wieder Witze über das »Thema eins« zu reißen, einem Überlegenheitskomplex über die Frau und einem permanenten Selbstbestätigungsdrang. Wer diesem Bedürfnis immer wieder erliegt, glaubt zeigen zu müssen, was für ein Kerl er ist, dessen Charme und Männlichkeit die Frauen reihenweise erliegen. Auch dies findet seine Parallele bei unseren Urahnen, denn der ranghohe Affe, das Alphatier des Rudels, hat es nicht nötig, seine Stellung allein durch Züchtigungen oder Kämpfe zu beweisen. Er tut dies auch auf wesentlich feinere Art, indem er hier und da die rangniederen Affen gewissermaßen lässig und im Vorübergehen bespringt, um damit zu zeigen, wer Herr im Hause ist. Dies müssen nicht unbedingt immer Weibchen sein, wie wir gesehen haben, es kann sich auch um rangniedere männliche Tiere handeln, die das Abreagieren ihres »Boß« in Demutshaltung erdulden und damit ein pseudosexuelles Ritual akzeptieren.

Schließen wir damit dieses Kapitel, das zwangsläufig viele Fragen nur andeuten konnte, andere offen lassen mußte. Sexuelles Verhalten und seine Herkunft aus den Urtagen des Lebens war und ist ein weites und über große Strecken noch unerforschtes Feld. Es wird noch vieles herauszufinden sein über den stärksten Trieb im Leben nicht nur unserer tierischen Ahnen, sondern auch bei uns Heutigen.

Nicht abzuschütteln: das magische Denken

Während meiner Volontärzeit hat mir einmal eine schlichte Handbewegung unseres damaligen Chefredakteurs einen unvergeßlichen Eindruck gemacht. Wir saßen im Konferenzzimmer und diskutierten darüber, wie schwierige wissenschaftliche Probleme dem Laienleser am besten verständlich zu machen seien. Es ging um die hilfreiche Rolle von Fotos und Zeichnungen, vor allem aber um einen angemessenen Stil. Die deutsche Sprache gerade hier richtig zu gebrauchen, so etwa sagte unser Chef, das verlange nicht nur, daß man die Sache selber verstanden habe, sondern es erfordere auch ein möglichst unbefangenes und folgerichtiges Denken. Leider gebe es viele, die nicht logisch denken könnten. Ihre Denkschritte folgten sich nicht richtig, sie blieben verworren und zusammenhanglos. Und eben hier machte er jene so bemerkenswerte Handbewegung. Er spreizte die Finger seiner beiden Hände und führte sie gegeneinander wie zum Händefalten. Doch vollendete er die Bewegung nicht, sondern winkelte die Hände nach unten ab, so daß nun alle Finger schief zueinander standen. Wir saßen da und starrten auf die Finger. Unser Chef war bekannt dafür, Abstraktes anschaulich zu machen.

So wie hier die Redakteursfinger nicht ineinandergriffen, so tut es auch das Denken mancher Menschen nicht, wobei wir noch untersuchen werden, warum das so ist. Wir wollen aber festhalten, daß ungenaues Denken nicht zu verläßlichen Schlüssen führen kann.

Der Gerichtsmediziner Otto Prokop ist einer jener Wissenschaftler, die jene Denkweise als das entlarven, was sie ist. Er tut dies vor allem auf dem paramedizinischen Feld, dort, wo sich Außenseiter tummeln wie Irisdiagnostiker, Hellseher, Wünschelrutengänger, Pendler, Frischzellen-Therapeuten und gewisse Homöopathen. Sein Verdienst ist es, auf die Schäden nicht nur für das Ansehen der Medizin, sondern auch für die betroffenen Patienten hingewiesen zu haben, Schäden, die als Folge verquerer Denkansätze oder ideologisch überformter Haltungen entstehen können.

Prokop vermutet zu Recht, daß beim sogenannten »autistischen Denken« einerseits Unbefangenheit, aber auch ein Aberglaube mitspiele, vor dem selbst gewisse Medizinerkreise nicht gefeit seien. In dem Essay ›Naturwissenschaft und Aberglaube‹ schreibt er:

»Im allgemeinen vermutet man, daß mit dem Fortschreiten der Erkenntnis der Naturwissenschaften die Menschen an sie herangetragene Behauptungen kritischer prüfen würden. Das ist jedoch bei einer großen Zahl der Menschen nicht der Fall. Dies liegt einmal an dem geringen durchschnittlichen Allgemeinwissen auf wissenschaftlichem Sektor. Der Laie ist vielfach geneigt, ein Gedankengebäude kompromißlos aufzunehmen und zu bestätigen, wenn das Äußere gefällig ist, ebenso wie ein Radioapparat meist nach seinem Gehäuse und nicht nach seinem technischen Aufbau gekauft wird. Den falschen Lehren haften charakteristische Zeichen an: sie sind durchweg primitiv und geben eine eindeutige Antwort auf Fragen, die den Laien interessieren. Ein Rheumatismus in der Schulter, der vorher nicht vorhanden war, will erklärt sein. Wenn als Ursache unterirdische Wasseradern angegeben werden, die angeblich unter dem Bett des Kranken verlaufen, so leuchtet das ein. Von einer einfachen und schlüssigen Beziehung zwischen Wasser, Feuchtigkeit, Nässe und Rheumatismus bis zu der fraglichen Ausstrahlung der Nässe auf dem Umweg über Strahlen ist für den Kranken oft kein allzu großer Schritt.«

Worauf wir hier stoßen, ist die Neigung vieler Zeitgenossen, schwer oder gar nicht nachprüfbare Behauptungen für bare Münze zu nehmen, wenn sie nur von einer genügend respektablen Instanz verkündet werden. Ist dies an sich schon bemerkenswert, so verblüfft noch mehr, daß es vielen Menschen offenbar möglich ist, gleichrangig zwei gänzlich verschiedene, ja konträre Denkweisen anzuwenden: die eine, die sich des Verstandes bedient und den Regeln der Logik folgt, und eine andere, die die Logik mehr oder weniger verdrängt, dafür irrealen Vorstellungen nachhängt und diese für wahr hält, Vorstellungen, die der Verstand – würde man ihn befragen – ablehnen müßte. Wir haben hier eine Art Gespaltensein der Persönlichkeit vor uns, die weithin offenbar für ganz normal gehalten wird, ja, die man jungen Menschen mit öffentlicher Duldung etwa im Religionsunterricht auch systematisch zumutet.

Bevor wir näher darauf eingehen, sei definiert, was man unter »autistischem Denken« versteht. Nach dem Reallexikon der Medizin ist es die »Ablösung aus der konkreten Wirklichkeit des gegenwärtigen Denkens mit seinen Mängeln und Konflikten und die Flucht in Phantasien über die verlorene Kindheit, fremde Welten und ähnliches«.

Ein Sonderfall des autistischen Denkens ist nun das »magische Denken« oder besser das magische Bewußtsein, dem Denkstrukturen zugrunde liegen, die Subjekt und Objekt, Mensch und Umwelt, Wesen und Erscheinung nicht oder noch nicht zu trennen vermögen und die das Frühstadium des Erlebens und Denkens bei Kindern und Naturvölkern darstellen. Bei den letzteren ist das magische Denken ein durchaus normales Phänomen, bei zivilisierten Erwachsenen aber müssen unter Umständen Denkstörungen vermutet werden.

Der amerikanische Kulturanthropologe R. Malinowski glaubt im magischen Denken eine Eigenart vieler Menschen zu sehen, »dem Alltagstrott und der Gewißheit entrinnen zu wollen«. Sie wehrten sich, so Malinowski, gegen »die unerbittliche Kausalkette der Logik, die das Übernatürliche ausschließt«. Der Anthropologe G. Glowatzki gibt dafür ein treffendes Beispiel: »Logik vermag den Menschen nicht zu trösten, denn wenn er zum Beispiel von einer schweren Krankheit erfährt, die als Konsequenz den Tod nach sich zieht, dann ist das zwar logisch, aber nicht tröstlich.«

Für das magische Denken gibt es zuweilen interessante Indizien. Dem genauen Zuhörer fällt beispielsweise auf, daß ausgesprochen glaubensbereite Menschen in ihren Gesprächen merkwürdig unscharfe Begriffe gebrauchen und diese auch vom Gesprächspartner dulden, obgleich dadurch die Klärung der diskutierten Fragen nur erschwert wird. Sie benutzen zum Beispiel Wendungen wie die von der »lebendigen Erfahrung« oder der »inneren Gewißheit«. Sie erwecken damit den Eindruck, als reichten die Worte Erfahrung oder Gewißheit für das, was sie ausdrücken wollen, allein nicht aus, sondern gewännen erst mit dem Zusatz »lebendig« und »innere« jene gewissermaßen höhere Weihe, die der erörterte Sachverhalt ihrer Meinung nach erheischt. Es scheint ihnen so, als seien pathetische Wendungen dem mystischen Erlebnis ihrer Gläubigkeit gleichsam angemessen. Tatsächlich sind Begriffe solcher Art jedoch blutleer, es sind Worthülsen, die einen Sachverhalt nicht klären, sondern nur vernebeln, und die auch gar nicht definiert werden sollen, weil ja die Gefahr bestünde, daß sie sich als inhaltsleer erwiesen.

Liegt einem eher sachlich denkenden Gesprächspartner daran, sich zunächst über den begrifflichen Inhalt verschwommener Wendungen zu einigen, so erlebt er nicht selten Mißtrauen oder Unduldsamkeit. Es ist, als säßen sich dann zwei ungleiche Spieler an einem Schachbrett gegenüber: der eine, der die Figuren nach den Regeln setzt, und der andere, der sein Gegenüber dadurch überrascht, daß er gelegentlich ganz willkürlich zieht und damit zwar verblüffende Wirkungen erzielt, aber das reguläre Weiterspielen unmöglich macht.

Es muß hier gefragt werden, ob dem autistischen Denken womöglich ein Krankheitswert zukommt. Vielleicht ist es nützlich, sich dazu daran zu erinnern, daß wir Menschen nur durch unsere Sinne, unsere Erfahrungen und unser Denkvermögen in der Lage sind, uns von einem Sachverhalt, einem Vorgang oder Zusammenhang ein verläßliches Bild zu machen. Das Grundprinzip logischen Denkens beruht auf dem gedanklichen Fortschreiten vom Einfachen zum Komplizierten, vom Auflösen des Vorgefundenen, zunächst Undurchschauten in einfachere Komplexe, und bei alledem bringen wir auch immer unsere Erfahrung ins Spiel. Wer ein Uhrwerk verstehen will, muß zunächst wissen, was Zahnräder sind und wie sie arbeiten, wie eine Unruh funktioniert oder ein Quarzkristall, was ein Hebel bewirkt und ähnliches mehr.

Im Gegensatz zum so gearteten logisch-analytischen Denken kennt die Medizin verschiedene Formen von Denkstörungen, die sich in einem von der Norm abweichenden Denkprozeß äußern. Wir wollen hier nur die beiden Hauptformen solcher Störungen nennen. Es sind das schizophrene und das paranoide Denken. Das erstere folgt insofern nicht den Gesetzen der Logik, als ihm Störungen der Begriffsbildung zugrunde liegen. Ein schizophrener Patient wendet beispielsweise bei Klassifizierungsaufgaben ganz ungewöhnliche Kriterien an. Vom paranoiden oder paralogischen Denken hingegen spricht man, wenn an und für sich richtige und logische Überlegungen auf eindeutig falschen, im Zuge krankhaft-affektiver Prozesse gebildeter Voraussetzungen aufgebaut werden. Das paranoide Bewußtsein findet man bei bestimmten psychopathischen Persönlichkeiten und bei Psychotikern.

Dieser kleine Ausflug in die Semantik mag zur Einstimmung in die nun wichtige Frage genügen: Wo hat das magische Bewußtsein, um das es uns geht, seine Wurzeln?

Um darauf zu antworten, müssen wir uns ins Paläolithikum zurückversetzen, hin zu den Jägern und Fallenstellern der Altsteinzeit. Damals war das Denken und Handeln der Menschen noch weit mehr als heute von Gefühlen als vom Verstand beherrscht. Hinter den Erscheinungen der Umwelt vermutete man allerlei Geheimnisvolles: Pflanzen und Tiere, das Gestein, Wasser und Wolken schienen von magischen Kräften beseelt, die sich durch Beschwörungen beeinflussen ließen. Hinweise auf diese Vorstellungswelt liefern die Felszeichnungen der Eiszeitjäger, wie sie heute noch in den berühmten Höhlen von Altamira (Spanien), Lascaux (Südfrankreich) und vielen anderen erhalten sind. Dabei handelt es sich um teils gefärbte Ritzzeichnungen von Wildpferden, Elefanten, Mammuten, Wisenten, Fischen, Bären, Hirschen und anderem jagdbaren Wild. Vielerorts sieht man außer den Tiergestalten auch Jagdgeräte und -waffen, hier und da sind die Jäger selbst abgebildet.

Was bewog die frühen Künstler zu ihrer Arbeit? Haben sie die Figuren nur zum Spaß in den Stein gekratzt? Das war anscheinend nicht der Fall. Die Tatsache, daß die Zeichnungen meist tief im dunklen Innern der Höhlen anzutreffen sind, wohin man nur mühsam und häufig erst über unterirdische Wasserläufe und Gesteinstrümmer gelangte, wo sich kein Lagerplatz bot und kein Tageslicht herrschte, läßt gewisse Schlüsse zu. Es scheint nämlich, als wären die Höhlenmalereien statt zur Erbauung interessierter Betrachter oder aus bloßem künstlerischen Antrieb zu kultischen Zwecken geschaffen worden.

In einigen Steinzeithöhlen wie der von La Mouthe und Lascaux in Frankreich fanden sich Brandflecke am Boden und an den Wänden, was den Schluß nahelegt, hier könnte beim Feuerschein nicht nur das Gestein geritzt und bemalt worden sein, sondern es könnten auch kultische Handlungen stattgefunden haben. Winzige Spuren abgesplitterten Gesteins auf den abgebildeten Jagdtieren lassen vermuten, daß man mit Pfeilen auf die Zeichnungen geschossen hat, vielleicht im Glauben, daraufhin bei der bevorstehenden Jagd mehr Glück zu haben. Eine Art Jagdzauber wäre denkbar, eine magische Beschwörung des Jagdglücks. Manche der Wand- und Deckenbilder erwiesen sich als über lange Zeiträume immer wieder übermalt. Die altsteinzeitlichen Künstler müssen die Höhlen demnach immer wieder aufgesucht haben, um ihre Werke für vielleicht regelmäßige kultische Zwecke aufzufrischen.

Prähistoriker gehen davon aus, daß die altsteinzeitlichen Wandmalereien Ausdruck einer Geisteshaltung gewesen sind, wie sie als »Animalismus« noch heute bei einigen primitiven Jägervölkern erhalten ist. Man glaubte wahrscheinlich an eine magisch-mystische Verbundenheit des Menschen mit den Jagdtieren, man empfand sie als menschenähnlich und beseelt.

Das alles äußerte sich vermutlich auch in allerlei Sitten und Gebräuchen. Man tanzte in Tiermasken und Bärenfellen (der Bär als gelegentlicher Aufrechtgänger dürfte den Menschen besonders wesensnah erschienen sein), und man wähnte – ganz modern – seine eigenen Stammväter unter den Tieren.

Der Begriff »Animalismus« umfaßt zwar zahlreiche Glaubensvorstellungen, denen jedoch gemeinsam ist, daß man sich mit den Tieren verwandt fühlte und eine magische Wirkung davon erhoffte, wenn man sie darstellte: Das Bild des Jagdtieres sollte das lebende Wild in die Falle oder vor die Speere der Jäger locken, das Bild des Raubtieres sollte vor diesem schützen.

Noch heute zeichnen von der Zivilisation unberührte Jägervölker die erstrebte Beute in den Sand und schmücken die Zeichnung mit Waffendarstellungen. Auch fügt man solchen Bildern symbolisch Wunden zu, indem man sie mit Pfeilen beschießt oder mit Speeren bewirft in dem Glauben, dies werde das Jagdglück fördern. Bildmagie also als Unterpfand für den Erfolg: Das Beutetier wird vor der Jagd bereits im Geiste erlegt, sein Abbild als »Alter ego«, als das andere Ich des zu tötenden Wildes.

Beschwörungsriten und magisch-mystische Praktiken haben sich über die Jahrtausende in einer nicht abreißenden Tradition erhalten; vielerorts trifft man sie auch heute noch in verschiedenster Gestalt. Geht man davon aus, daß sich die klimatischen Bedingungen und die Vegetation nach der letzten Eiszeit grundlegend änderten, das größere Jagdwild ausstarb oder ausgerottet wurde und die Jäger und Sammler mehr und mehr seßhaft wurden, so versteht man auch jenen Wandel in der Denkweise, der die rein magische Phase ablöste und zu jenem animistisch-dualistischen Denken der Menschen führte, das die frühen Religionen beherrschte. Erst in der griechischen Antike kam mit dem logischen Denken ein gewisses Gegengewicht zur damals herrschenden Glaubenswelt auf.

Indes vermochte die Logik das Bedürfnis nach magisch-mystischen Vorstellungen und Praktiken weder zu ersetzen noch zu verdrängen, was nicht zuletzt für die Heilkunde zutraf. Beispielsweise führte man Krankheiten bis ins Mittelalter hinein auf den Einfluß von Dämonen zurück. Noch heute erzeugen böse Geister oder übel gelaunte Gottheiten bei vielen Naturvölkern Krankheiten und Siechtum. Wer erkrankte, hatte die Unsichtbaren geärgert, sie beleidigt oder bestehende Tabus gebrochen. Wollte er gesunden, mußten die Urheber der Krankheit versöhnt werden. Dazu dienten Opfergaben, rituelle Tänze und beschwörende Formeln, und bei alledem führte ein eigens dafür zuständiger Stammesangehöriger die Regie – der Medizinmann.

Noch heute öffnet so mancher Arzt, der an ein Totenbett gerufen wird, erst einmal das Fenster des Sterbezimmers, um die Seele des Dahingeschiedenen davonfliegen zu lassen. Noch immer finden die Hersteller magischer Mittel zur Heilung Kranker zahlreiche Gutgläubige für ihre dubiosen Produkte. Es ist noch nicht lange her, da stand eine 63jährige Frau aus dem niedersächsischen Peine vor Gericht, weil sie sieben Jahre lang ungehindert ihren eigenen Urin für drei Mark pro Fläschchen an 300 ihrer Patienten verkauft und zwei krebskranke Frauen dreißig Fläschchen davon im guten Glauben an die magische Kraft des Inhalts getrunken hatten. Handaufleger, Teedoktoren, Rutengänger und Irisdiagnostiker, Magnetiseure, Pendler und Okkultisten aller Schattierungen betreiben nach wie vor ihr einträgliches Geschäft mit obskuren Machenschaften, die auf fruchtbaren Boden fallen, weil ungezählte, gleichwohl gegen Ende des zwanzigsten Jahrhunderts lebende Zeitgenossen der Magie in der Medizin gegenüber aufgeschlossen sind.

Eine besondere Bedeutung kommt hier den homöopathischen Behandlungsverfahren zu, soweit sie auf dem Prinzip vom »Gleichen« beruhen, das »Gleiches« bewirke, oder dem vom »Ähnlichen«, das von »Ähnlichem« geheilt werde.

Einer der prominentesten Vertreter dieses Grundsatzes (»Similia similibus«) war der 1755 in Erlangen geborene Begründer der Homöopathie, Christian Friedrich Samuel Hahnemann. Nach seiner Überzeugung würden Kranke durch solche Arzneistoffe geheilt, die – wenn man sie Gesunden eingäbe – bei diesen die gleichen oder ähnliche Krankheitserscheinungen hervorrufen würden, wie sie der zu behandelnde Kranke zeigt. Angeblich geschähe dies nach der von Hahnemann propagierten Ähnlichkeitsregel. Außerdem sollte sich nach seiner Meinung die Wirkung einer Arznei um so mehr erhöhen, je mehr man sie verdünnt, weil auf diese Weise eine größere »Anwendungsfläche« erreicht werde. Ein »arzneilicher Geist« entstehe, wenn das betreffende Mittel möglichst lange geschüttelt oder in einem Mörser zerrieben werde.

Noch heute beherzigen viele Homöopathen die Hahnemannsche Ähnlichkeitsregel und sein Dosierungsprinzip, wonach selbst millionenfache Verdünnungen (»Potenzen«) noch heilende Wirkungen entfalten sollen. Zwar wird das, was man unter homöopathischer Medizin versteht, in den USA und in Kanada nicht mehr ernst genommen, geschweige denn gelehrt, doch haben die homöopathischen Methoden anderswo zahlreiche Anhänger, so in Deutschland und in Frankreich, in der Schweiz und in den Beneluxländern.

Warum allem logischen Denken zum Trotz homöopathische Behandlungen immer wieder einmal Erfolge verzeichnen, ist leicht einzusehen. Viele Menschen sind auch in unserer Zeit noch dem magischen Denken verhaftet, und der Glaube kann bekanntlich »Berge versetzen«. Außerdem spielen psychische Einflüsse bei zahlreichen Krankheiten und deren Verlauf eine entscheidende Rolle. Der Internist Arthur Jores nannte einmal drei Kriterien, die der magischen Wirkung den Boden bereiten: Erstens, wenn der Patient magischen Vorstellungen anhängt und sich dem Arzt bereitwillig zuwendet. Zweitens, wenn der Arzt von sich und seinem Tun überzeugt und mit magisch-mystischem Gedankengut vertraut ist. Drittens, wenn seine Behandlungsweise neu ist, wenn sie aus dem Ausland stammt, mit körperlichen Manipulationen am Patienten oder undurchsichtigen Hantierungen begleitet wird, und wenn der Arzt dafür ein hohes Honorar verlangt.

Was von homöopathischen Heilkundigen bisweilen im Vertrauen auf die magische Wirkung beim Patienten empfohlen wird, trägt nicht selten groteske Züge. Auf dem fünften Jahreskongreß der homöopathischen Liga im Jahre 1956 in London riet der homöopathische Arzt Dr. E. Florentin seinen Standeskollegen, sie sollten Arnika solchen Patienten zur Dämpfung ihrer Stimme verschreiben, die viel »brüllen« müßten, und Kupfer jenen, die zum Weinen neigten. Entsprechend dem Grundsatz der Homöopathie, wonach die homöopathischen Mittel nach Prüfung ihrer Wirkung am Gesunden zu ermitteln sind, würde sich daraus ergeben: Ein Gesunder, der Arnika bekommt, muß brüllen, ein anderer Gesunder, der Kupfer erhält, muß weinen. Verabfolgt man einem auf Kupfer ansprechenden Menschen bei einer ausgelassenen Feier das Kupferpräparat, so müßte er weinen. Bekommt er das Kupfer dagegen bei einer Trauerfeier, so müßte er zu lachen anfangen. Wie man sieht, sollte das Prinzip doch vielleicht nachdenklich machen.

Ein Vorgehen nach dem Ursache-Wirkung-Prinzip ist den Homöopathen offenbar fremd, wie allein ihr Grundsatz zur Auffindung von Arzneien für bestimmte Krankheiten zeigt. Folgerichtig hat denn auch die Medizinische Fakultät der Humboldt-Universität Berlin schon im Oktober 1958 verlauten lassen: »Aufgrund der wissenschaftlichen Erkenntnisse ist die Homöopathie weder klinisch noch prophylaktisch in der Behandlung von schweren, insbesondere Organerkrankungen anwendbar.«

Wer Magisch-Mystisches nicht nur gleichsam unbewußt als Glaubenshilfe für seine Genesung erfahren möchte, der kann es sich mit Hilfe von Kräutern, Salben und anderen Zubereitungen aus Drogen auch höchst konkret und beliebig oft selbst verschaffen. Ein berühmtes Beispiel ist der mit gewissen Einreibungen auszulösende Traumzauber, der den Hintergrund für den alljährlichen »Hexensabbat« in der Walpurgisnacht zum ersten Mai auf dem Brocken im Harz bildet. Der Sage nach reiten an diesem Tage »Hexen« und »Teufel« von überall her auf Besen, Mistgabeln und Stecken durch die Luft zu jener sturmumbrausten Stätte, wo ein wüstes, geisterhaftes Treiben die ganze Nacht anhält. Berauschende Getränke machen die Runde, allerlei Hexereien finden statt und sexuelle Orgien werden gefeiert. Erst mit dem Morgengrauen findet der Spuk ein Ende.

Daß der Flug der Hexen und Teufel zum Brocken keine bloße Erfindung Phantasiebegabter gewesen ist (nicht wenige Frauen, die über solche Träume berichteten, verbrannte man einst als »Hexen«), sondern mit allen schauerlichen Einzelheiten dank sogenannter Hexensalben hervorgerufen werden kann – das war zur Zeit der Hexenjagden nur erst Eingeweihten bekannt. Solche Salben sind Gemische aus den Säften giftiger Nachtschattengewächse, darunter denen der Tollkirsche (Atropa belladonna), des Bilsenkrautes (Hyascyamus niger) und des Stechapfels (Datura stramonium).

Auf die Haut, besonders die Schleimhäute der Genitalgegend, auf die Stirn oder in die Achselhöhlen gerieben, bewirken solche Salben aufregende Träume. Die Betreffenden erleben sexuelle Ausschweifungen von ungewöhnlicher Wirklichkeitsnähe, nachdem sie zuvor, in ihrer Einbildung häufig auf einem Besen reitend, durch die Luft geflogen sind.

Im Rheinland soll es einmal einen neugierigen Priester gegeben haben, der den Hexenspuk entlarven wollte. So tat er zwar nicht das Naheliegende und reiste zum Brocken, wo er festgestellt hätte, daß es dort zwar Geröllhalden, windzerzauste Bäume und Nebel, nicht aber Hexen gibt, er folgte vielmehr einem alten Weib aus seiner Gemeinde in deren Hütte, um persönlich

Zeuge einer Fahrt zum »Blocksberg« zu werden. Der Priester habe dann zunächst mit angesehen, wie das Weib die Hexensalbe auf mehr oder weniger intime Körperteile strich und sich anschließend aufs Bett legte. Nicht lange danach habe sie begonnen, sich mit wilden und unzüchtigen Bewegungen hin und her zu wälzen und stöhnende Laute auszustoßen. Schließlich sei sie von ihrem Lager gefallen und habe den am Fenster sitzenden Geistlichen bedrängt, er möge doch an ihrer Reise zum Brocken teilnehmen. Der Priester soll den Anträgen der Alten jedoch widerstanden haben. Als sie endlich wieder bei Sinnen war, soll er ihr erklärt haben, alles sei nur ein Traum gewesen – er hätte es mit eigenen Augen gesehen. Ob das Erlebnis den Priester bewogen hat, bei seiner Obrigkeit ein klärendes Wort hinsichtlich der Hexenprozesse einzulegen, ist nicht überliefert.

Im Jahre 1960 machte der Pharmakologe W. E. Peuckert einen Selbstversuch mit einer Hexensalbe, die er nach einem Rezept aus dem im Jahre 1568 erschienenen Werk ›Magia naturalis‹ zusammengestellt hatte. Gemeinsam mit einem Freund rieb er sich das Mittel auf die Stirn. Er schreibt:

»Wir hatten wilde Träume, vor meinen Augen tanzten zunächst grauenhaft verzerrte Gesichter. Dann plötzlich hatte ich das Gefühl, als flöge ich meilenweit durch die Luft. Der Flug wurde wiederholt durch tiefe Stürze unterbrochen. In der Schlußphase schließlich das Bild eines orgiastischen Festes mit grotesken sinnlichen Ausschweifungen.«

Halluzinationen wie Flugträume, Empfindungen von endlos sich dehnender Zeit und vor allem optische Sinnestäuschungen werden nicht nur durch Hexensalben ausgelöst, sie lassen sich auch durch die Einnahme bestimmter Alkaloide hervorrufen, wie sie etwa in den mexikanischen Zauberpflanzen vorkommen. Erwähnt seien stellvertretend das Mescalin aus der Kakteenart Anhalonium lewinii (Peyotl) und das Psilocybin aus dem Hutpilz Psilocybe mexikana. Zu zweifelhaftem Ruhm ist schließlich das »LSD« gekommen, eine halbsynthetische Droge, deren Ausgangsstoff, die d-Lysergsäure, aus dem Mutterkornpilz Claviceps purpurea stammt.

Auch das LSD (Lysergsäurediäthylamid) bewirkt Halluzinationen, deren Art und Intensität allerdings stark von der psychischen Verfassung und der Umgebung des Betreffenden abhängen und sehr gefährliche Formen annehmen können. Es ist vorgekommen, daß LSD-Berauschte plötzlich fliegen zu können glaubten und sich beim Sprung aus einem hochgelegenen Fenster zu Tode stürzten.

Interessant in diesem Zusammenhang ist ein Verdacht, der unlängst hinsichtlich magischer Kräfte solcher Frauen aufgekommen ist, die zur Zeit der Inquisition der »Teufelsbuhlschaft« verdächtigt und als »Hexen« verbrannt worden waren. Möglicherweise haben diese Frauen damals, als es noch keine modernen Getreidemühlen gab, Brot aus mutterkornhaltigem Getreide (meist Roggen) verzehrt und akute Mutterkornvergiftungen erlitten. Dabei könnte es dann neben Krämpfen und Durchblutungsstörungen auch zu Halluzinationen mit jenen Flugträumen gekommen sein, die in den erwähnten orgiastischen Festen auf dem Brocken endeten.

Immer wieder hat der Mensch seine naturgegebenen Fähigkeiten zu mehren und zu steigern versucht. Um »über sich hinauszuwachsen«, hat er seine Technik eingesetzt und »magische Mittel« nicht gescheut. Nur zu willkommen sind ihm dazu auch Drogen wie die erwähnten gewesen. Es ist hier nicht der Ort noch gehört es zum Thema, über alle diese Möglichkeiten zu berichten – der Verfasser hat es ausführlich in seinem Buch ›Die manipulierte Seele‹ getan. Ein einziges Beispiel sei aber doch geschildert, bei dem es um eine kurzfristige Steigerung der Körperkräfte geht.

Das »magische« Mittel dazu sind Gifte des Fliegenpilzes Amanita muscaria und des Pantherpilzes Amanita panthera, die – wohldosiert – beträchtliche Selbstwertgefühle und ekstatische Gefühle wecken können. Das Fliegenpilzgift wird als Ekstasemittel in Sibirien und auf der nordasiatischen Halbinsel Kamtschatka von den dort lebenden Nomaden benutzt. Eine seiner wirksamen Substanzen ist das Bufotenin, das auch von der Haut bestimmter Kröten abgesondert wird.

Wer sich mit dem Fliegenpilzwirkstoff vergiftet, gerät – wenn die Dosis nicht tödlich ist – in schwere Erregung. Er schlägt um sich, redet sinnloses Zeug und hat Wahnvorstellungen. Historisch interessant ist der vom Gift der Fliegen- und Pantherpilze ausgelöste »Berserkergang«, der während der Saga-Zeit Islands und der skandinavischen Länder zwischen 870 und 1030 nach der Zeitwende unheimliche Berühmtheit erlangt hat.

Mit »Berserker« bezeichnete man Männer, die zeitweise übermenschliche Kräfte besaßen und sich wilden Tieren gleich gebärdeten, ohne jedes Mitgefühl auf Freund und Feind einschlugen und bei Kriegszügen als gefürchtete Wüteriche auftraten. In der Ynglinga-Saga heißt es von ihnen: »Sie bissen in ihre Schilder und waren stark wie Bären oder Stiere. Sie erschlugen das Menschenvolk, und weder Feuer noch Stahl konnten ihnen etwas anhaben.« Eine Form des »Doping« also schon damals.

Der Erregungszustand der Berserker soll jeweils etwa einen Tag gedauert haben. Anschließend schwanden den Rasenden die Kräfte, sie wirkten wie ausgepumpt und kümmerten sich um nichts mehr. Als dann im Jahre 1123 das isländische christliche Gesetz jedem drei Jahre Verbannung androhte, der »als Berserker geht«, soll die Unsitte aufgehört haben.

In Sibirien und auf Kamtschatka dagegen ist das Fliegenpilzgift anscheinend noch immer beliebt. Stammesheilige, Zauberer und Schamanen finden Gefallen daran, in ihrem Rauschzustand magische Fähigkeiten zu entfalten und Zwiesprache mit den Göttern zu führen. Gewöhnlich werden drei bis sieben Fliegenpilzhüte verzehrt. 21 Pilze gelten im Volksmund der Irtysch-Ostjaken als das Äußerste, das ein Mensch sich noch zumuten könne. Da der Wirkstoff des Pilzes den Körper passiert, ohne sich chemisch zu verändern, kann er theoretisch mehrmals verwendet werden. Tatsächlich sei es in manchen Gegenden üblich, daß der Urin der Berauschten von anderen Stammesangehörigen getrunken wird und auf diese Weise sich nacheinander bis zu fünf Personen in Ekstase versetzen.

Magisches findet sich bei allen Völkern in verschiedenster Form und zu den unterschiedlichsten Anlässen. Da ist der Mummenschanz zur Karnevalszeit mit seinem Maskentreiben, da werden »Hausgeister« beschworen und die Räume neu errichteter Gebäude mit »Weihwasser« besprengt. Da wird der verhaßte Diktator in Puppengestalt verbrannt oder aufgehängt. Auch den Winter stellt man als Puppe dar und verbrennt ihn in Freudenfeuern wie in Süddeutschland, wo diese Feuer »Funken« genannt werden. Vielerorts schreibt man die Anfangsbuchstaben der drei »Magier« oder »Weisen« aus dem Morgenlande Caspar, Melchior und Balthasar (C + M + B) mit Kreide über die Haustüren, um Unheil von den Bewohnern fernzuhalten.

Noch zahlreiche andere Zeichen sollen magische Bedeutung besitzen, so das auf dem Kopf stehende Kreuz mit dem langen Ende nach oben und die mit dem Satanskult in Verbindung gebrachte »magische« Zahl 666. Magische Wirkungen schreibt man den Praktiken bei spiritistischen Sitzungen zu, dem Springen durch ein loderndes Feuer und dem Gang durch eine Tür, über der ein Mistelzweig hängt. Ungebrochen ist der Glaube an die magische Kraft eines Talismans am Handgelenk, am Brustkettchen oder am Rückspiegel im Auto, vor allem aber an den magischen Einfluß der Gestirne auf das Schicksal des Menschen.

Die Anhänger dieses Aberglaubens richten sogar ihre Unternehmungen, ihre Geschäfts- und privaten Entscheidungen danach, was ihnen das Horoskop gerade prophezeit. Trotz des offensichtlichen Unfugs der Sterndeuterei sind sie davon überzeugt, daß da »etwas dran« sein müsse. Dabei müßte jedem Einsichtigen ein einziger Einwand das Gebäude der Astrologie ins Wanken bringen: Zweieiige, unmittelbar nacheinander geborene Zwillinge haben trotz der für beide gleichen Sternkonstellation zur Geburtsstunde so unterschiedliche Schicksale wie andere Geschwister auch, und die »Weissagungen« aufgrund der Sternzeichen, wie man sie in einschlägigen Blättern findet, sind so unverbindlich, daß man sie getrost vergessen kann.

Alles in allem findet sich die magische Denkweise heute freilich nur noch rudimentär neben dem logischen Denken gesunder Erwachsener, während bei kindlichen Gemütern mit der Vorliebe für Märchen und Sagen die magische Denkweise eher vorherrscht. Zweifellos war dies zu Zeiten der Steinzeitmenschen anders. Da bestimmte das magische Denken das Leben bis ins Erwachsenenalter. Und gäbe es nicht einige Vorbehalte gegen die biogenetische Grundregel, nach der sich Merkmale und Verhaltensweisen stammesgeschichtlicher Vorfahren in den Jugendstadien ihrer stammesgeschichtlichen Nachfolger wiederfinden, so könnte man gerade auch im magischen Denken eine Bestätigung für diese Regel erblicken. Was bei unseren Kindern noch wach ist und im Lauf ihres Lebens zugunsten vorwiegend logischer Denk- und Handlungsweisen verloren geht, das beherrschte die Vorfahren unter dem »Bärenfell« ihr wenn auch kurzes Leben lang, ob zu ihrem Wohl oder Wehe, das mag dahingestellt bleiben.

Die Neugier und ihre Folgen

Sieht man sich bei den »unter uns« stehenden Tieren um, so wird man jene für uns Menschen so typische, triebhafte Neugier bei den meisten von ihnen vergeblich suchen. Es trifft dies bestimmt für wirbellose Tiere wie die Insekten zu, denen es gleichgültig sein dürfte, ob der Planet, auf dem sie kreuchen und fleuchen, rund viereinhalb Milliarden Jahre alt ist. Es gilt auch für viele Wirbeltiere wie etwa die Vögel, die es kaum interessieren dürfte, warum sich die Luft bewegt, die sie trägt.

Der vom Platz im Stammbaum abhängige Erkundungsdrang wird allerdings stärker, je näher ein Tier dem Menschen steht. So finden sich beispielsweise bei vielen Säugetieren Hinweise dafür, daß sie neugierig sind. Katzen- und Hundefreunde wissen das aus täglicher Erfahrung.

Noch größer ist die Neugier bei Affen, und ganz allgemein beobachtet man sie bei Menschenaffen, speziell den Schimpansen. Sie sind nicht nur ausgeprägt neugierig, sie machen sich gewonnene Erfahrungen auch zunutze. Hängt man Bananen an der Käfigdecke auf und gibt den Tieren Kisten, so türmen sie diese übereinander, um an die Früchte zu gelangen. Legt man die Bananen außerhalb des Käfigs ab und reicht ihnen zusammensteckbare Stangen, so finden sie rasch heraus, wie man die Stangen verlängert, um die Bananen heranzuangeln. Sie verwenden auch Stöcke zum Springen und trinken aus Strohhalmen.

Es ist der Beginn des Werkzeuggebrauchs, wie wir ihn vereinzelt auch von Greifvögeln schon kennen, die mit dem Schnabel Steinchen aufheben, um mit deren Hilfe Eierschalen zu zertrümmern, und von Galapagos-Finken, die mit kleinen Hölzchen im Schnabel unter Baumrinden nach Insekten stochern.

Der Platz im Stammbaum ist es aber nicht allein, der ein Tier als Neugierwesen qualifiziert. Es gilt noch ein anderes Kriterium, und dies lautet, auf eine kurze Formel gebracht: Ein Tier ist um so neugieriger, je weniger spezialisiert es ist, und umgekehrt. Was aber ist ein »spezialisiertes« Tier? Das ist einfach. Spezialisiert sind Tiere, die in ihrer Lebensweise auf eng begrenzte ökologische Nischen in der Natur angewiesen sind. Es sind solche, die beispielsweise von einer einzigen oder ganz wenigen Nahrungspflanzen leben. Dazu gehört etwa der als Symbol für aussterbende Arten bekannte Panda oder Bambusbär. Ohne Bambussprossen könnte er nicht existieren. Oder der australische Koalabär, der auf Eukalyptusblätter angewiesen ist. Andere Spezialisten wie bestimmte Tiefseefische verbringen ihr ganzes Leben in den lichtlosen Regionen des Meeres, in dem dort nahezu unverändert bleibenden Lebensraum. Wieder andere bewohnen das Hochgebirge oder die Tundren mit ihren spezifischen Umweltbedingungen, an die sie in ihrer Art zu leben und sich fortzupflanzen angepaßt sind. Verpflanzte man sie in andere Umwelten, würden sie eingehen.

Spezialisten unter den Tieren sind also solche, die gegenüber Umweltveränderungen empfindlich reagieren. Sie benötigen zum Leben unter Umständen eine bestimmte Temperatur oder – bei Wassertieren – einen bestimmten Salzgehalt. Wichtig können auch die Feuchtigkeit des Bodens, sein Säuregrad und andere Faktoren sein.

Alle diese Tiere bleiben auf ihre ökologische Nische angewiesen, die ihnen bietet, was sie brauchen. Ständiges Umhersuchen nach neuen Nahrungsquellen erübrigt sich für sie. Auch das Bedürfnis, sich neue Lebensräume zu erschließen und das dazu notwendige agile, aufgeweckte Temperament zu entwickeln, kurz das, was man Neugier nennt, findet man bei den Spezialisten nicht. Sie haben das alles nicht nötig. Sie sind eher träge, manche wirken geradezu phlegmatisch. Ein Igel nimmt es in Kauf, durch sein Rascheln im Laub einen Hund oder Fuchs anzulocken, er rollt sich dann einfach zusammen, zeigt seine Stacheln und ist so meist unangreifbar. Wie andere Spezialisten, die für ihr Überleben spezielle und raffinierte Eigenschaften und Merkmale entwickelt haben, braucht er nicht übermäßig wachsam oder neugierig zu sein. Seine Lebensweise und körperliche Ausstattung erlauben es ihm (zumindest in freier Wildbahn), relativ friedlich vor sich hin zu leben, ohne den »Streß«, ständig nach Gefahren Ausschau halten zu müssen.

Auf der anderen Seite gibt es Tiere, die gegenüber wechselnden Umwelteinflüssen robuster sind und sich vielseitig ernähren können. Es sind meist weltweit vorkommende Arten wie Ratten, Ameisen, Schaben oder Bienen. Diesen »Kosmopoliten« wird freilich nichts geschenkt. Sie müssen nicht nur ständig auf der Hut vor Feinden sein, sondern ihren Lebensraum auch laufend kontrollieren, verteidigen und gegebenenfalls auszuweiten suchen. Immer wieder einmal müssen sie flüchten. Auch dringen sie in neue Gefilde vor, um bisher ungenutzte Nahrungsquellen zu erschließen oder günstige Brut- oder Nistgelegenheiten zu finden. Diesen Anforderungen entspricht eine gänzlich andere »Mentalität«. Die Nichtspezialisten sind neugierig auf alles Unbekannte. Sie beschnüffeln, betrachten, untersuchen und probieren alles. Sie passen sich relativ rasch an neue Verhältnisse an, und dies je nach ihrer Entwicklungsstufe, ihrem Platz im Stammbaum, mehr oder weniger geschickt.

Zugegeben: diese Einteilung der Tiere in Spezialisten und Nichtspezialisierte ist ein grobes Raster, eine Schwarzweiß-Zeichnung. Es gibt Übergangs- und Zwischenformen, Tiere, die von beiden Kategorien etwas haben. Für unsere Überlegungen ist die Einteilung aber dennoch nützlich, denn wir wollen jetzt versuchen, die Menschenaffen und die Menschen in dem Schema unterzubringen.

Erfreulicherweise ist das ziemlich einfach, denn Menschenaffen und Menschen sind geradezu Musterbeispiele für das Nichtspezialisiertsein. Verfügen beispielsweise die Affen nicht mehr über ihre gewohnte Nahrung in Gestalt von Nüssen, Bananen und Apfelsinen, so gehen sie daran nicht zugrunde, sondern stellen sich auf andere pflanzliche Nahrung um, auf Wurzeln etwa und junge Triebe. Auch in anderer Beziehung sind sie anpassungsfähig. Zum Beispiel ertragen sie Temperaturen in weiten Grenzen, so daß man sie auch in gemäßigten Breiten halten kann. Dort lassen sie sich selbst durch die Bedingungen einer Gefangenschaft im Zoo nicht übermäßig beeindrucken.

Ein ausgesprochener Nichtspezialist ist auch der Mensch. »Nackt und bloß«, wie er die stammesgeschichtliche Bühne betrat, gab es für ihn keine »ökologische Nische«, in der er hätte heimisch werden können. Er ertrug weder starke Hitze noch grimmige Kälte. Im Wasser konnte er von seinen natürlichen Voraussetzungen her ebensowenig leben wie im ewigen Eis oder im Hochgebirge. Auch besonders effektive Waffen für das Leben in der Steppe brachte er nicht mit.

Dank seines sich mächtig entwickelnden Großhirns meisterte er jedoch diese Probleme. Es gelang ihm, sich sowohl den Lebensräumen, für die er – der einstige Urwaldbewohner – nicht geschaffen war, so anzupassen, daß sie ihm zu Heimstätten werden konnten, als auch seine Umwelt für seine Bedürfnisse zu verändern. Gegen die Gefahren des Steppenlebens verbarg er sich in Höhlen und jagte im Verband in kleinen Horden. Dank seines aufrechten Ganges und seiner freigewordenen Arme und Hände konnte er Waffen und Werkzeuge anfertigen. Gegen die Kälte in höheren Breiten, in die er allmählich vordrang, hüllte er sich in Felle und zähmte das Feuer, er baute sich sogar Iglus. Später konstruierte er Schiffe und Staudämme, schwang sich mit Flugzeugen in die Luft, schließlich gelang ihm der Sprung in den Weltraum. Die schöpferische Vielseitigkeit des Menschen, gepaart mit dem Mangel an Spezialanpassungen, ermöglichte, ja erzwang geradezu jene beispiellose menschliche Aktivität auf der Erdoberfläche, deren Endphase wir heute in einer explosiven Industrialisierung, einem exzessiven Abbau der Rohstoffreserven und einem kaum noch zu bremsenden Bevölkerungswachstum erleben. All das war jedoch nur möglich, weil der Mensch als Nichtspezialist jene Eigenschaft im Übermaß besitzt, um die es hier geht: die Wißbegier als höhere Stufe der Neugier, das Suchen nach Lösungen für allfällige Probleme, das Erkennen und Abklopfen auf Verwertbarkeit von zunächst indifferenten Gegebenheiten, das Erforschen des Unbekannten und die Gabe, sich die erworbenen Kenntnisse und Fertigkeiten sogleich nutzbar zu machen.

Schon bei jungen Äffchen fällt ein starkes Neugierverhalten auf, und dies offenbar getreu jener Regel, wonach Eigentümlichkeiten einer Art sich bei Vertretern ihrer stammesgeschichtlichen Vorgänger bereits ankündigen. Im höheren Alter läßt bei den Affen die Neugier nach, wogegen beim Menschen der Forscher- und Erkundungsdrang mit nur wenigen Abstrichen bis ins Alter erhalten bleibt. »Der Mensch, das wißbegierige Wesen« – so könnte man sagen. Wir müssen alles wissen, ja wir haben aus dem Streben nach Erkenntnis geradezu eine Institution gemacht. Ein umfangreicher Wissenschaftsbetrieb beschäftigt sich mit nahezu allen Bereichen unseres Lebens und der Welt um uns, und hochdotierte Preise winken denjenigen, die spektakuläre neue Erkenntnisse gewinnen.

Doch das, was der Mensch hervorgebracht hat, diente leider nicht nur seinem Wohlbefinden. Nicht alles war dazu angetan, ihm sein Leben sicherer, bequemer und erfüllter zu gestalten. Mit vergleichsweise begrenzten Zweischneidigkeiten fing es an. Mit Messern, Speeren und Lanzen ließ sich nicht nur Jagdbeute machen, man konnte mit ihnen auch Mitmenschen töten. Das Feuer verbreitete nicht nur wohlige Wärme und Gemütlichkeit, es diente nicht nur zum Braten und Kochen, sondern man konnte mit ihm auch Hütten anzünden und Waldbrände entfachen. Der Benzinmotor ermöglichte es, sich rascher fortzubewegen als auf dem Pferd, doch nahmen auch die Unfälle auf den Straßen und die Luftverpestung zu. Die Elektrizität löste das

Funzellicht der Kerzen und Petroleumleuchten ab und erlaubte die weltweite Kommunikation mittels Funk und Fernsehen. Sie lieferte die Voraussetzungen für Computertechnik und Mikroelektronik, führte aber im Verein mit den Innovationen im Bereich der Chemie auch zu einer beispiellosen Beschleunigung der technischen Entwicklung, die alles Vorhersehbare übertraf und tiefgreifende Folgen für den Menschen hatte. Zu diesen Folgen zählen nicht nur der ständige Anpassungszwang an immer neue, vom technischen Fortschritt erzwungene gesellschaftliche Verhältnisse mit der zuweilen damit verbundenen Desorientierung junger Menschen, sondern auch ein zunehmender Druck auf die noch verbliebenen Rohstoff-Vorräte der Erde, der Landschaftsverbrauch (durch Straßenbau, Zersiedlung, Industriebauten et cetera) und die Umweltverschmutzung.

Die Medizin erlöste die Menschheit nicht nur von einst tödlichen Krankheiten und nahm vielen Leiden ihre Bedrohlichkeit. Sie war und ist großenteils auch für die Bevölkerungsexplosion verantwortlich, indem sie das Leben der Erdbewohner verlängert und die Säuglingssterblichkeit senkt. Die Entdeckung der atomaren Kräfte schließlich schenkte dem Menschen nicht nur eine neue machtvolle Energiequelle, sondern führte auch zur Atombombe und dem Risiko der Kernkraftwerke, das uns spätestens seit der Tschernobyl-Katastrophe drastisch vor Augen geführt geworden ist.

Folgen der Neugier und Wißbegier lassen sich mühelos auch im Bereich des Glaubens nachweisen. Glaubensvorstellungen, Religionen und Kirchen als deren Träger und Bewahrer gibt es in aller Welt. Die »wissenschaftliche Durchdringung der geglaubten göttlichen Offenbarung«, die »Lehre von Gott«, nennt sich Theologie. Ihr Anspruch, eine Wissenschaft zu sein, führte dazu, daß sie an den Universitäten in der Hierarchie der Fakultäten traditionsgemäß die erste Stelle einnahm. Zwar hört die Wissenschaft dort auf, wo Glaubensthesen ins Spiel kommen, doch soll uns dieses Problem hier nicht beschäftigen. Vielmehr soll es darum gehen, daß christlich-religiöser Glaube nicht nur vielen Menschen Zuversicht zu geben vermag, sondern auch viel Unheil angerichtet hat. Diese dunkle Seite der Kirchengeschichte betrifft unter anderem die Vorstellung von einem »Teufel« als dem »personifizierten Bösen«.

Der Teufel (griechisch: diabolos, der Verleumder; hebräisch: Satan, der Widersacher) wird in der christlichen Glaubenslehre als böser Geist verstanden. Als dämonischer Gegenspieler Gottes wirke er in der Welt. Was das Neue Testament über den Teufel aussagt, gehört zu den unumstößlichen Glaubenswahrheiten der katholischen Lehre, auf die der Gläubige festgelegt ist, will er als gefestigter Katholik gelten. Nach dem Neuen Testament ist der Teufel der oberste einer Gruppe von Geistern, die von Gott zunächst mit guten Eigenschaften ausgestattet worden waren, später jedoch sündhaft wurden und dafür in die »Hölle« verdammt worden sind. Die Herrschaft des Teufels soll durch das Reich Christi gebrochen werden. Solange dies noch nicht geschehen sei, habe der Teufel die Macht, gegen Gott zu wirken. Im Verständnis der Protestanten ist der Teufel ein überirdisches – insofern gottähnliches –, jedoch von Gott quasi abtrünnig gewordenes Wesen, das den Menschen zur Sünde verführt und ihn immer wieder in Versuchung bringt.

Im Sommer 1975 hat die vatikanische Glaubenskongregation die Existenz von Dämonen in einem Dokument erneut bekräftigt. Darin wird auch die Stellungnahme Papst Pauls VI. über die ›Personale Existenz des Teufels‹ vom November 1972 zitiert. Unmißverständlich ermahnte hier der Heilige Vater die Gläubigen: »Wer sich weigert, die Existenz der Dämonen anzuerkennen, verläßt den Bereich der biblischen und kirchlichen Lehre; ebenso wer aus ihnen ein in sich stehendes Prinzip macht, das nicht wie jegliche Kreatur von Gott seinen Ursprung hat, oder wer sie als eine Pseudorealität, als eine begriffliche und phantasievolle Personifizierung der unbekannten Ursachen unserer Übel erklärt...«

Unstrittig gehen auf den Teufelsglauben in Gestalt der Hexenverfolgungen die wohl unmenschlichsten und grausamsten Ausschreitungen zurück, die sich die Kirche im Namen Jesu Christi im Mittelalter geleistet hat – wir haben über diese Greuel ausführlich im Kapitel über die Außenseiter gesprochen. Nicht immer entledigte man sich der sogenannten Hexen allerdings durch deren Ermordung auf dem Scheiterhaufen nach Inquisition und Folter. Seit alters üben Geistliche auch die Kunst des »Teufelsaustreibens« aus.

Dieser sogenannte Exorzismus geht auf eine Weisung Jesu an die Apostel zurück, nachdem Jesus sich selbst als Teufelsaustreiber betätigt hatte. Bekannt ist die Geschichte von jenem Mann, zu dem Jesus gesprochen habe: »Fahre aus, du unsauberer Geist, von dem Menschen!« Jesus habe den »unsauberen Geist« auch gefragt, wie er heiße, und zur Antwort erhalten:

»Legion heiße ich; denn unser ist viel.« Dann heißt es weiter im 5. Kapitel (11–15) des Markus-Evangeliums:

»Und es war daselbst an den Bergen eine große Herde Säue an der Weide. Und die Teufel baten ihn alle und sprachen: Laß uns in die Säue fahren! Und alsbald erlaubte es ihnen Jesus. Da fuhren die unsauberen Geister aus und fuhren in die Säue, und die Herde stürzte sich von dem Abhang ins Meer (ihrer waren bei zwei Tausend) und ersoffen im Meer.«

Zur Teufelsfrage gibt es eine umfangreiche kirchenamtliche und triviale Literatur. Vertieft man sich in die streckenweise kaum nachvollziehbaren Aussagen, so begegnet einem die mittelalterliche Glaubenswelt auf Schritt und Tritt. Tatsächlich wären das Gedankengerüst um die Besessenheit und die Rituale der Geistlichen bei der Teufelsaustreibung als eine Art Mummenschanz hinzunehmen, wenn wir nicht mit einer gefährlichen menschlichen Eigenschaft zu rechnen hätten, nämlich dem Fanatismus von Leuten einer gewissen Geistesverfassung, die sich auf dem Boden der christlichen Glaubenslehre zu kriminellen Handlungen hinreißen lassen. Sie sehen dabei nicht einmal das Schuldhafte ihres Tuns ein, weil sie, wie sie meinen, »im Auftrag Gottes« oder Jesu handeln und ihre eigene Verantwortung verdrängen.

Einer der unglaublichsten Vorfälle dieser Art in unserer Zeit war die Tat des ehemaligen Pallotinerpaters Josef Stocker aus Buchheim bei Freiburg im Breisgau und der Pfarrhelferin Magdalena Kohler, die gemeinsam mit anderen Glaubensfanatikern ein ihnen zur Pflege anvertrautes, knapp 17 Jahre altes Mädchen während einer »Teufelsaustreibung« in einem Schweizer Chalet buchstäblich zu Tode prügelten. Die Einzelheiten dieses Ritualverbrechens sind so grauenhaft, daß mancher mittelalterliche Exzeß davon in den Schatten gestellt wird. Vor allem aber ist der Vorgang bezeichnend dafür, zu welchen Abartigkeiten Menschen im Dunstkreis religiöser Glaubensverirrung fähig sind.

Der Teufelsglaube steht hier als Beispiel dafür, was geschehen kann, wenn die Wißbegier, jene für den Menschen seit Urzeiten so folgenreiche geistige Kraft, unter allen Umständen hinter das Geheimnis noch rätselhafter Erscheinungen zu kommen, unbefriedigt bleibt: Viele Menschen suchen dann einfach eine Antwort im Glauben, und sei sie noch so absurd.

Heute wissen wir, daß die sogenannte Besessenheit oft gründlich verkannt worden ist. Tatsächlich sind die vermeintlich vom »Teufel« Besessenen psychisch krank. Sie brauchen daher ärztliche Hilfe, nicht den »Exorzismus« durch Geistliche. Aber diese Einsicht breitet sich erst in neuerer Zeit allmählich aus. In der Glaubenswelt des von religiösen Wahnideen beherrschten 15., 16. und 17. Jahrhunderts, als an eine moderne Medizin noch nicht zu denken war, blieb als Erklärung für das rätselhafte Gebaren der Betroffenen nur eines übrig: Dämonen waren am Werk. Es war der »Teufel«, der da Besitz von armen Seelen ergriffen hatte und sein Unwesen trieb.

Bedrückend bleibt, daß die damaligen, von der Wißbegier der Menschen unter dem Diktat christlicher Glaubensthesen entwickelter Phantasievorstellungen in gewissen Kreisen noch heute zu finden sind und der Teufelswahn gelegentlich noch immer zu Mißhandlungen psychisch Geplagter durch Glaubensbesessene führt.

Verhängnisvolle Wißbegier

»Wildheitsrelikte« im menschlichen Verhalten zu entdecken, kann zu einem Sport ausarten. Sie sind zahlreicher als man denkt, doch nicht alle geben sich gleich vordergründig zu erkennen. Ein besonders bemerkenswertes Überbleibsel aus der Altsteinzeit ist heute zu einer Bedrohung nicht nur einzelner Menschen, sondern der Menschheit insgesamt geworden. Es ist ein Relikt, auf das ich schon in früheren Büchern hingewiesen habe (zum Beispiel in ›Versuch und Irrtum – Der Mensch, Fehlschlag der Natur‹, 1974). Es geht um den von unserem Großhirn diktierten Drang nach »immer mehr«, »immer besser«, »immer größer«, »immer schneller«, kurz: nach einer fortwährenden Steigerung des Erreichten selbst dann, wenn beträchtliche Gefahren daraus erwachsen. Es ist außerdem die Unfähigkeit des Menschen, die zunehmend komplizierteren und schwerer durchschaubaren, gleichwohl selbstgeschaffenen Verhältnisse auf der Erde noch in kollektiver Übereinkunft zu beherrschen und mittels »vernetztem«, nicht »linearem« Denken so zu steuern, daß sein Überleben noch für längere Zeit gewährleistet wäre. Es ist die immanente Wißbegier des Großhirns mit seiner Sucht zur Maximierung, die inzwischen zu einem nahezu selbstmörderischen Verhalten des Menschen auf der Erde geführt hat.

Wißbegierig zu sein, das war nach der Urwald-Ära des Menschen-Vorgängers sicher eine wichtige Voraussetzung dafür, daß sich dieses in der Steppe so merkwürdig hilflose zweibeinige Wesen überhaupt zum Menschen entwickeln konnte. Ohne die Wißbegier ging nichts. Und bis heute verdanken wir dieser Eigenschaft unseres Großhirns unzählige segensreiche Erfindungen und Verhaltensweisen. Doch hat uns der Trieb, den Dingen auf den Grund zu gehen, auch Erkenntnisse beschert, deren praktische Auswertung inzwischen unsere Lebensgrundlagen bedrohen. Wollte man es einmal drastisch ausdrücken, so ließe sich geradezu von einer genoziden Potenz unserer Wißbegier sprechen.

Wie tief der Drang nach Erkenntnis in uns verwurzelt ist, zeigt sich schon im Kindesalter. Als Kinder fassen wir alles an, nehmen die unmöglichsten Dinge in den Mund. Unseren Eltern fallen wir mit den unablässigen »Warum«-Fragen auf die Nerven. Gibt es irgendwo etwas Geheimnisvolles, so setzen wir alles daran, es zu entschleiern, auch wenn wir ihm damit jenen Zauber nehmen, der es vielleicht umgibt und seinen Reiz ausmacht.

Was immer uns fremd oder unbekannt ist, läßt uns keine Ruhe, bis wir erfahren haben, was dahinter steckt. Was wir nicht wissen, wollen wir ergründen, um möglichst rasch Nutzen daraus zu ziehen. Das geht sogar soweit, daß wir notfalls gewaltsame Erklärungen für etwas konstruieren, das wir nicht verstehen, wie der Glaube an überirdische Wesen zeigt. Statt die Dinge auf sich beruhen zu lassen und vorläufige Fragezeichen zu setzen, erfinden wir phantasievolle Deutungen, um unsere Wißbegier zu befriedigen und ihr wenn auch fragwürdige Antworten zu liefern. Wir glauben dann einfach, was wir nicht wissen.

Woher kommt der unstillbare Drang des Menschen, alles wissen zu wollen? Wie kam seine Wißbegier zustande?

Dazu müssen wir uns wieder an die Zeit erinnern, da der Frühmensch die Steppe zu besiedeln begann. Wer damals die Eigenschaft besaß, folgerichtig zu denken und logische Schlüsse zu ziehen, der gewann Auslesevorteile und hatte entsprechend zahlreicheren Nachwuchs. Schon die Veranlagung zum praktischen Herumprobieren genügte, die ja das Wissenwollen, die Wißbegier, voraussetzt. Beides ergänzte sich zwangsläufig. Die Anlagen für ein wißbegieriges Wesen konnten sich also verbreiten und mit dem wachsenden Großhirn wahrscheinlich auch immer stärker ausprägen.

Nehmen wir als Beispiel die Entwicklung der Faustkeile, deren Form und Gebrauchswert bekanntlich im Lauf der Jahrhunderttausende immer besser wurden.

Wie jeder auch nur halbwegs praktisch Veranlagte nachprüfen kann, springen bestimmte Gesteine wie etwa Feuerstein beim Anschlagen mit einem Schlagstein derart auseinander, daß rasiermesserscharfe Kanten entstehen können. Wenn man nun etwa Holz mit einer solchen Schneide bearbeitet, würde sie ausbrechen und ihre Schärfe verlieren. Die zuvor gerade Kante würde zu einem unregelmäßig gezackten Grat werden. Mit haarscharfen Schneiden lassen sich demnach allenfalls Fleisch oder weiche Materialien zerteilen, nicht aber härtere Gegenstände.

Es ging also darum, eine Schneidkante herzustellen, die einerseits scharf genug blieb, um mit ihr beispielsweise Holzpfeile zuzuspitzen, zum anderen aber stabil genug, um nicht schon bei der ersten Belastungsprobe auszubrechen. Was den Steinzeitmenschen dazu eingefallen ist, zeigen die Bearbeitungsspuren an den Steingeräten. Man stabilisierte nämlich die scharfen Kanten durch winzige Abschläge von der Seite her, man »retouchierte« sie, wie der Fachausdruck heißt. Man schlug mit leichten Schlagsteinen oder Hornschlägeln entlang der Schneidkante winzige Gesteinspartikel ab, wodurch sich zwar die ursprüngliche Schärfe verringerte, aber eine belastungsfähige Schneidkante entstand, mit der sich gegebenenfalls auch schaben und kratzen ließ. Eine solche stabilisierte Kante hielt auch stärkeren Druck aus, wie er etwa zum Schärfen oder Zuspitzen von Lanzen oder Speeren notwendig war.

Dieses Beispiel steht für zahlreiche ähnliche aus der Geräte- und Waffenherstellung, so etwa, daß man Pfeilspitzen über dem Feuer härten kann und vieles mehr. Die aufkeimende Wißbegier im Verein mit praktischen Versuchen und den daraus gewonnenen Erfahrungen machte es möglich, neue Fertigkeiten zu entwickeln und Einsichten in Naturzusammenhänge zu gewinnen, nicht zuletzt auch, sich angemessene Verhaltensweisen im Umgang mit Artgenossen anzueignen.

Als auf der Erde erst einige hunderttausend Vertreter der Frühmenschengesellschaft lebten, da erwies sich ihr ungebärdiger Erkundungsdrang und das Maximierungsprinzip als höchst vorteilhaft. Es war nützlich, die Natur zu »bändigen«, sie zu überlisten und sich »untertan« zu machen. Es war auch legitim, soviel als möglich aus ihr »herauszuholen«. Dazu gehörten damals natürlich auch möglichst viele Nachkommen.

Auch anderswo im Reich des Lebendigen findet man solches Verhalten. Tiere und Pflanzen leben nicht nur vom Nahrungsangebot ihrer Umwelten. Sie vermehren sich auch, solange der Vorrat an Ressourcen reicht. Sie vermehren sich unbekümmert, ohne nach den Folgen einer zu großen Populationsdichte zu fragen. Die »Grenzen des Wachstums« setzen andere Einflüsse. Gehen die beanspruchten Nahrungsquellen zur Neige, wird der Lebensraum zu eng oder wächst die Zahl der natürlichen Feinde, so pendelt sich ein neues Gleichgewicht mit der Umwelt ein. Sind die Ressourcen erschöpft oder werden die Feinde übermächtig, so müssen andere Lebensräume gefunden werden, sonst bricht die Population – vielleicht bis auf wenige Überlebende – zusammen.

Beim Menschen ging das Streben nach »immer mehr« über

lange Zeiten gut. Man konnte der Natur kaum ernsthaft schaden. Nahrung in Form von Früchten und dem Fleisch von Beutetieren stand reichlich zur Verfügung, wenn es auch viel Mühe bereiten mochte, genügend Jagdbares zu erlegen. Auch an Lebensraum mangelte es nicht. Mit zunehmender Erdbevölkerung aber änderte sich das Bild. Man erfand den Hebel, das Rad. Wind- und Wasserkraft erwiesen sich als willkommene Helfer, das Leben angenehmer und bequemer zu gestalten. Land- und Wasserfahrzeuge erweiterten den Aktionsradius. Der Mensch gewann Einblicke in chemische Vorgänge, die er nachahmte oder variierte, um davon zu profitieren. Er stellte synthetische Stoffe her und wandelte Rohstoffe wie das Erdöl für die verschiedensten Zwecke um. Dampfmaschine und Verbrennungsmotor ersetzten die Muskelkraft.

Schließlich erwarb der Mensch das »Know how«, sich so potente Energiequellen zu erschließen wie die Elektrizität und die Atomkraft. Mit ihnen ließ sich die Natur in bisher unbekanntem Ausmaß beherrschen, für die eigenen Bedürfnisse einspannen, aber leider auch verwüsten. Mit wachsender Geschwindigkeit vermehrte sich der Aufrechtgänger, begann er, zahlreiche Tiere und Pflanzen auszurotten, verpestete er Luft und Wasser, dezimierte er die Urwaldbestände und heizt er neuerdings die Atmosphäre auf, so daß Klimaänderungen und – durch das wärmer werdende und sich ausdehnende Wasser bedingt – Überschwemmungen von Küstenregionen zu befürchten sind.

Offenbar ist der Mensch außerstande, seinen Maximierungstrieb zu zähmen, seine irdische Wohnstatt vor der Zerstörung durch seine eigenen Aktivitäten zu bewahren und auch späteren Generationen noch ein menschenwürdiges Leben zu ermöglichen. Zu tief sitzt ihm altsteinzeitliches Gebaren im Blut.

Obwohl die Wissenschaft dem Menschen die Folgen seines Tuns immer eindringlicher vor Augen führt und er als einziges Lebewesen vorausdenken kann, zwingt ihn sein von urzeitlichen Antrieben beherrschtes Großhirn zu einem Verhalten, als befände er sich noch in einer Umwelt, die dies honorierte. Und es sieht so aus, als steigere sich seine Wißbegier, sein Drang nach »immer mehr« noch immer. Egoismus, Wachstumswahn, Macht- und Profitstreben sind die Triebfedern. Ähnlich dem Zauberlehrling aus Goethes Gedicht wird er mehr und mehr zu ihrem Opfer.

Kehren wir einmal zu den Anfängen dieser Entwicklung zurück. Fragen wir danach, wann und warum der Keim für die Wißbegier des Menschen gelegt worden ist. Kein Zweifel: Es ist die »Menschenwerdung« schlechthin, die hier die Schlüsselreize setzte. Versuchen wir einmal, dieses Geschehen nachzuzeichnen, soweit es im Licht heutiger Erkenntnisse möglich ist.

Vor etwa 30 Millionen Jahren lebte im damals noch dichtbewaldeten Ägypten ein affenartiges Wesen (Aegyptopithecus zeuxis), das die Anthropologen für den gemeinsamen Vorfahren der Menschenaffen und Menschen halten. Nach Schädelknochenfunden zu urteilen, wog das Tier nur etwa fünf Kilogramm und hatte ein Schädelvolumen von etwa 30 Kubikzentimetern. Die starken Reißzähne der Männchen sollen, so nimmt man an, mehr zu Drohgebärden als zum Beutemachen benutzt worden sein. Dieser ägyptische »Verbindungsaffe« habe nach Meinung seines Entdeckers E. Simons intensive soziale Kontakte unterhalten und sei vermutlich der Vorfahr der Dryopithecinen gewesen, den späteren Vorläufern der Menschenaffen in Afrika.

Ziemlich übereinstimmend halten die Fachleute die sogenannten Ramapithecinen für die ursprünglichsten unmittelbaren Vorgänger des Menschen. Aufgrund von Knochenfunden lassen sie sich als noch halbäffische Baumbewohner mit fliehender Stirn denken, die vor etwa 15 bis 8 Millionen Jahren in Afrika und Asien gelebt haben. Wahrscheinlich richteten sie sich nur gelegentlich auf.

Entscheidend für den »Schritt zum Menschen« ist offenbar der Wechsel des Lebensraumes gewesen. Vor mehr als drei Millionen Jahren verließen die noch äffischen Vorfahren des Menschen den schützenden Urwald und drangen in Steppe und Savanne vor. Warum das geschah, ist nicht bekannt. An und für sich bot ja gerade der Wald den Menschenaffen nicht nur Schutz, sondern ganzjährig auch reichlich pflanzliche Nahrung, er war ein idealer Lebensraum.

Möglicherweise wich zu jener Zeit der tropische Urwald zurück. Vielleicht schrumpften die Waldbestände, so daß sich der Lebensraum für die Baumbewohner verkleinerte und sich ihr Kampf ums Überleben verschärfte. So mögen sie sich nach neuen Lebensmöglichkeiten umgesehen haben. Vielleicht lockte sie als hochentwickelte Primaten auch nur die Neugier in die Steppe, erste Regungen jener Wißbegier, die dann, wie aus der raschen Entwicklung des Großhirns zu schließen ist, den späteren Frühmenschen so stark beherrschen sollte. Es sieht jedenfalls so aus, als habe die Steppe diesen Primaten damals aus einer Sackgasse ihrer Entwicklung herausgeholfen.

Nach einer noch klaffenden Erkenntnislücke von rund fünf Millionen Jahren, die die Zeit nach dem Ramapithecus in Dunkel hüllt, trat ein Vormenschentyp auf, den die Wissenschaftler den »Australopithecus« genannt haben. Zahlreiche seiner Skelette fand man in Südafrika. Sie deuten darauf hin, daß der Australopithecus zwischen Menschenaffen und Menschen gestanden haben muß. Er könnte jenes Zwischenglied gewesen sein, das zu einer Zeit von vor drei Millionen bis einer Million Jahren während des frühen bis mittleren Pleistozäns in Afrika lebte.

Der Australopithecus besaß stark schnauzenartig vorspringende Kieferknochen und eine fliehende Stirn. Gegenüber dem Schimpansen hatte er jedoch schon ein deutlich vergrößertes Vorderhirn. Das läßt auf bereits gesteigerte geistige Fähigkeiten schließen, denn im Vorderhirn liegen zahlreiche Zentren, in denen kompliziertere Denkvorgänge und eine feinere Verarbeitung von Sinnesreizen möglich sind, darunter der Schläfenlappen und das Stirnhirn.

Wir müssen uns nun fragen, was geschah, als unsere frühesten Vorfahren ins freie Grasland vordrangen. Lassen wir dabei die noch offenen Fragen über unseren Stammbaum beiseite, was um so leichter fällt, als das, worüber wir sprechen müssen, von einer so oder so abgelaufenen Aufeinanderfolge bestimmter Frühmenschentypen ziemlich unabhängig ist. Verschaffen wir uns einen Überblick über die Vorgänge, die schließlich zum Homo sapiens sapiens mit seinem riesigen Großhirn und seiner unzähmbaren Wißbegier führten. Als Schlüsselfiguren müssen hier offenbar die Australopithecinen gelten. Sie waren es, die die Steppe als erste besiedelten und ihre Lebensweise tiefgreifend umstellten. Im Grasland wechselten Perioden der Fülle mit solchen des Mangels an Nahrungspflanzen ab. Da es zeitweise nicht genug Pflanzliches zu essen gab, ging man wahrscheinlich bald dazu über, auch Tiere zu fangen und zu verzehren – möglicherweise zunächst auch tot aufgefundene: aus den Pflanzenessern wurden im Lauf der Zeit die Allesesser.

Auch in der Art, wie der Frühmensch sich fortbewegte, mußte er sich an die neue Umgebung anpassen. Da er kein ausgesprochener Schnelläufer war und auch keine körpereigenen »Waffen« wie Krallen oder Reißzähne besaß, sah er sich vielen Steppentieren unterlegen. Das mußte ausgeglichen werden.

Und dies geschah vor allem dadurch, daß er aufrecht zu gehen lernte.

Wollte er im hohen Steppengras Beute machen, Angreifer entdecken oder sich orientieren, so mußte er sich hochrecken, ähnlich wie Hasen und Kaninchen »männchenmachend« nach Feinden Ausschau halten. Die neue Umwelt übte also einen mehr oder weniger starken Zwang auf die neuen Besiedler aus, aufrecht zu gehen, und sie verschaffte denjenigen unter ihnen Auslesevorteile, die »gut zu Fuß«, dazu besonders aufmerksam waren und schnell reagieren konnten. Als Ergebnis der Umstellung wird der Frühmensch also auch kräftige Beinmuskeln und schärfere Sinne bekommen haben.

Skelettfunde bestätigen, daß die Voraussetzungen für den späteren Gang des Menschen und seine typische Haltung vor mehr als drei Millionen Jahren gegeben waren. Die Anheftungsstelle des großen Gesäßmuskels veränderte sich, so daß das Hüftgelenk gestreckt und der Oberschenkel stärker nach rückwärts bewegt werden konnten. Der Fuß wölbte sich und bekam jene zum abfedernden Gehen besser geeignete Form. Die große Zehe vergrößerte sich weiter. Die Kniegelenke ließen sich mehr und mehr strecken. Am Hüftgelenk sorgte das Ligamentum iliofemurale für die Fixierung des Körpers in der aufrechten Haltung, zu der außerdem die Krümmung der Wirbelsäule beitrug.

Auch die inneren Organe machten einen Wandel durch. Beim Vierbeiner lasteten die Eingeweide beim Laufen noch auf der vorderen Bauchwand. Beim Aufrechtgeher drückten sie nun auf den Beckenboden, der seinerseits aus der umgewandelten Schwanzmuskulatur hervorging. Das brachte allerdings Risiken mit sich. Denn die neue Tragfläche für die Eingeweide mußte sowohl die Ausscheidungsöffnungen als auch – beim weiblichen Geschlecht – den Gebärweg offenlassen. Damit ergab sich die Gefahr von »Durchbrüchen« innerer Organe nach unten. Vor allem den Nieren an der hinteren Bauchwand drohte jetzt das »Abrutschen«. Während die Nieren beim Vierbeiner auf den Eingeweiden ruhen, wurden sie beim Aufrechtgeher künftig vom vergrößerten, umgekehrt u-förmigen, auf- und absteigenden Dickdarm gehalten. Zwar entwickelte sich ein derbes Bindegewebe und schützte die »Bruchpforten«, doch kam und kommt es auch heute immer wieder einmal zu Pannen wie dem Durchbruch von Eingeweiden: ein später Preis für die Vorteile des Aufrechtgehens.

Im aufgerichteten Körper wandelte sich auch das Gehirn in der knöchernen Schädelkapsel um und vergrößerte sich. Einen Beitrag dazu leisteten unter anderem die Augen. Von »erhöhter Warte« sahen die Steppenbesiedler jetzt mehr als früher, es schärfte sich ihnen der Gesichtssinn. Mehr und mehr fanden dabei die Augen zu ihrer späteren, das menschliche Gesicht prägenden Parallelstellung, die das dreidimensionale Formensehen ermöglichte. Zugleich verbesserte sich die Fähigkeit zur Akkomodation, zur Scharfeinstellung auf einen anvisierten Gegenstand. Entsprechend dieser Veränderungen vergrößerten sich die zugehörigen Gehirnabschnitte für die Verarbeitung optischer Eindrücke.

Im Gegensatz zu den Augen profitierte die Nase wahrscheinlich nicht. Solange das Riechorgan als wichtigste Orientierungshilfe des Vierfüßlers nahe am Boden blieb, hatte es immer zu tun und blieb ein ständig trainierter, wirkungsvoller Signalgeber. Entsprechend gut entwickelt ist bei den bodenlebenden Tieren daher die Verarbeitungszentrale für Geruchsreize im Gehirn, das Riechhirn. Hier trat beim Aufrechtgeher wahrscheinlich sogar eine gewisse Rückentwicklung ein.

Viel mehr anzufangen war dafür jetzt mit den freigewordenen Armen und Händen. Mit ihnen erwarb der Frühmensch wertvolle Instrumente zum Greifen, zum Tragen, zum Gestalten, wenn er auch den Daumen zunächst nur wenig abspreizen konnte. Da Arme und Hände nun nicht mehr zum Hangeln und Klettern im Baumgeäst gebraucht wurden, standen sie für neue Aufgaben zur Verfügung. Der Australopithecus begann, mit Steinen zu werfen, mit Knüppeln und Knochenstücken zu hantieren, alles mögliche zu transportieren und später vielleicht auch schon primitive Werkzeuge und Waffen herzustellen.

Man weiß von diesen ersten handwerklichen Versuchen durch erhalten gebliebene, ganz einfach zugeschlagene Steine, die dem Frühmenschen offenbar schon vor Millionen Jahren als Schlag-, Schneid- oder Schabwerkzeuge gedient haben, den sogenannten »pebble tools«. Mit ihnen wird er damals begonnen haben, Äste, Knochen, Geweihstangen, vielleicht auch Felle und Pflanzenfasern zu bearbeiten.

In ihrem neuen Lebensraum sahen sich die Vorfahren des Menschen sowohl neuen Gefahren als auch Interessantem und Reizvollem gegenüber. Alledem mußten sie sich stellen. Ihr Blick schweifte jetzt über weite Grasflächen. Ihr Gehör schärfte sich in der vergleichsweise stilleren Umgebung für noch wesentlich schwächere Geräusche als im Urwald. Mit dem vielseitigen Gebrauch der Hände entwickelte sich der Tastsinn. Das alles blieb nicht ohne Folge für das Gehirn als zentralem Organ, dem alle diese neuen Reize zuflossen, die es analysieren und mit sinnvollen Handlungen beantworten mußte. Mit einem Wort: Das Großhirn wuchs. Es qualifizierte sich. Und bald erwiesen sich diejenigen Steppenbewohner als ihren Artgenossen überlegen, deren Gehirne zusätzliche Zellbezirke für rasche und zweckmäßigere Verarbeitung der neuen Eindrücke besaßen.

Einräumen müssen wir allerdings, daß der Umgang mit primitiven Werkzeugen und die neuen Impulse für die Sinnesorgane allein die mächtige Großhirnzunahme nicht erklären konnten. Das vermutet auch der amerikanische Zoologe Ernst Mayr, wenn er meint: »Es ist behauptet worden, daß die geschickte Benutzung von Werkzeugen einen starken Selektionsdruck auf die Zunahme der Gehirngröße ausübte, bis das Hirn groß genug war, seinen Träger zu befähigen, solche Geräte selber herzustellen... Es ist jetzt wohl als wahrscheinlich anzusehen, daß die Benutzung von Werkzeugen ein altertümlicher hominider Zug ist... Gebrauch und vielleicht sogar Herstellung einfacher Werkzeuge erfordern keine bedeutende Zunahme der Hirnkapazität, noch setzen sie eine grundlegende Umkonstruktion der Vorderextremitäten voraus. Arm und Hand änderten sich bemerkenswert wenig von dem Zeitpunkt an, als noch wesentlich mehr nach Ästen gegriffen wurde, bis zu dem Moment, da sie zum erstenmal zum Klavierspiel oder zur Reparatur einer guten Uhr verwendet wurden.«

Für die stürmische Größenzunahme des Gehirns beim Frühmenschen muß man also wohl noch etwas anderes verantwortlich machen, und dieses andere ist sehr wahrscheinlich die Sprache gewesen. Ihre Bedeutung als »Entwicklungshelferin« für das Gehirn läßt sich tatsächlich kaum überschätzen.

Gingen die frühen Ahnen des Menschen auf die Jagd, wollten sie den Angriffen gereizter, vielleicht verwundeter Raubtiere entgehen, so war es natürlich vorteilhaft, wenn sie sich auch über eine gewisse Entfernung hinweg nicht nur durch Zeichen, sondern durch Zurufe warnen und verständigen konnten. Auch wenn es galt, in kleinen Gruppen nach einem Plan vorzugehen, Erfahrungen auszutauschen, »Familienrat« zu halten oder sich über die Folgen eines bestimmten Handelns klarzuwerden, war ein akustisches Verständigungsmittel hilfreich, das allerdings über rein tierische Laute hinausgehen mußte.

Leider sind aus jener Zeit nur wenige Knochenfunde erhalten, die Rückschlüsse auf die Sprechfähigkeit unserer Urahnen vor zwei oder drei Millionen Jahren zuließen. Gerade die für das Sprechen so wichtigen Kehlkopf- und Rachenknorpel versteinern ja nicht. Immerhin lassen überlieferte Knochenreste einige Überlegungen zur Sprachentwicklung zu.

Schäderuntersuchungen beispielsweise zeigen, daß es in der Hals- und Kopfregion jener Frühmenschen Merkmale gab, die sich vorteilhaft für das Sprechvermögen ausgewirkt haben dürften. Dazu gehörten die tiefe Lage des Kehlkopfes, die Ovalform der Zahnreihen, das lückenlose Nebeneinander der Zähne, das vom Kehlkopfknorpel getrennte Zungenbein und die gewölbte Form des Gaumens, unter dem sich die entsprechend gut bewegliche Zunge befand.

Vergleicht man den Unterkiefer eines Menschenaffen mit dem der frühen Menschen, so ist der frühmenschliche Zungenraum, jene wannenförmige Vertiefung zwischen der u-förmigen unteren Zahnreihe, viel breiter als jener bei den Affen. Die Zunge als wichtigstes Sprechwerkzeug bekam dadurch noch mehr Bewegungsfreiheit. Zusätzlich kam diesem Spielraum zugute, daß ein »Affenhöcker« genanntes Knochenstück im Innenbogen des äffischen Unterkiefers beim Menschen nach außen verlagert ist. In beiden Fällen hält dieser Knochen die beiden Unterkieferhälften zusammen. Beim Menschen bildet er jedoch das typische vorspringende Kinn. Die Zunge bekam auf diese Weise innen noch mehr Platz, den sie zum Sprechen nutzen konnte.

Wenn wir also davon ausgehen, daß sich dank der anatomischen Voraussetzungen allmählich eine wenn auch noch primitive Sprache entwickeln konnte, so wird auch dies im Gehirn nicht ohne Folgen geblieben sein. Tatsächlich weist eine Stelle am Schädel des Homo habilis, eines weiterentwickelten Frühmenschentyps, darauf hin. Von einem solchen Schädel hat man einen Gipsausguß angefertigt, der in der Schläfenregion ein kleines Grübchen erkennen läßt. Wenn die Zeichen nicht trügen, haben wir es hier mit einem ersten primitiven Sprachzentrum zu tun.

Bleiben alle diese Annahmen trotz einiger Wahrscheinlichkeit noch spekulativ, so steht doch fest: Als der Vormensch vom schützenden Urwald in die freie Steppe übersiedelte, tat er den wichtigsten Schritt in Richtung auf den Homo sapiens. Die aufrechte Haltung führte zum Werkzeuggebrauch, zu größeren geistigen Fähigkeiten und zur Sprache. Dabei wurden Individuen mit wißbegierigeren, reicher strukturierten Großhirnen von der Auslese gefördert, weil sie den Daseinskampf erfolgreicher bestanden. Der amerikanische Anthropologe W. La Barre drückte das einmal scherzhaft aus: »Die eigentliche Erbsünde des Menschen bestand nicht darin, daß er die Frucht eines Baumes aß. Die Sünde war, daß er vom Baum herabstieg.«

Nachdem die »Sünde« aber einmal begangen war, erfreute sich der Homo sapiens in spe, wie wir gesehen haben, eines bemerkenswerten Zuwachses an körperlichen und geistigen Fähigkeiten. Insbesondere eine Eigenschaft war es, die den Menschen künftig ganz wesentlich vom Tier unterscheiden sollte: Der Drang nach Erkenntnis, ein über die bloße Neugier hinausgehendes Streben, unbekannte Dinge zu erforschen und praktisch auszuwerten, kurz, seine zunehmende Wißbegier. Ohne die Wißbegier wäre er auf dem geistigen Niveau der Menschenaffen stehengeblieben und hätte auch keine Anstrengungen unternommen, darüber hinauszuwachsen.

Wer damals wißbegierig war, wer immer wieder probierte und verwarf, neu probierte und seine Erkenntnisse dann vorteilhaft anwandte, dem winkte Fortpflanzungserfolg. Der war angesehen, der gewann die Sympathien der Frauen. Mit anderen Worten: Es entstand ein starker Auslesedruck in Richtung auf den ruhelos stöbernden, den wißbegierigen, den aufgeschlossenen, vielseitig interessierten Hordengenossen, weil dieser am ehesten in der Lage war, durch seine Einfälle, sein Tüfteln und seine Entdeckungen auch den anderen das Leben unbeschwerter und sicherer zu machen.

Ohne seine Wißbegier wäre der Frühmensch ein »tumber Tor« geblieben. Nur mit ihrer Hilfe konnte er sich weiterentwickeln. Daß die Wißbegier seinen Nachfahren Millionen Jahre später einmal so große Probleme bereiten, ja, sein Überleben gefährden würde, konnte er damals sowenig voraussahnen, wie er überhaupt wußte, daß er wißbegierig war.

Dank seiner Wißbegier erwarb der werdende Mensch nicht nur seine Sonderstellung im Tierreich. Nach einer stammesgeschichtlich kurzen Zeit schon befähigte ihn diese seine Großhirn-Eigenschaft, auf der Erde nach allen Richtungen hin vorzudringen und die Erdteile mit Ausnahme der Polargebiete zu besiedeln. Nahezu überall faßte er Fuß. Er wurde zum »Kosmopoliten«. Mit seinem forschenden Geist enträtselte er ein Geheimnis seines Planeten nach dem anderen. Heute erforscht er mit gigantischen Geräten die Welt der Atome, mit Fernrohren und Raumflugkörpern stößt er ins Universum vor. Dank seiner Technik hat er sich Bereiche zugänglich gemacht, die ihm aufgrund seiner körperlichen Beschaffenheit eigentlich hätten verschlossen bleiben müssen.

Am Ende dieses Kapitels müssen wir noch ein merkwürdiges Geschehen erwähnen, das vor etwa 100 000 Jahren eingetreten sein dürfte. Seither nämlich hat sich das menschliche Großhirn als Sitz der Wißbegier nicht mehr wesentlich weiterentwickelt. Das heißt, unsere Kinder kommen heute noch immer sozusagen mit den Gehirnen der Neandertaler zur Welt. Woraus umgekehrt folgt, daß der Neandertaler, verfügte er über die heutigen Lern- und Ausbildungsmöglichkeiten, durchaus Facharbeiter oder, wenn er hochbegabt und fleißig wäre, sogar Nobelpreisträger hätte werden können.

Warum sich das Denkorgan nicht weiterentwickelt hat, ist ungeklärt. Es gibt nur Vermutungen. Vielleicht liegt die Erklärung darin, daß die jeweils zusammenlebenden Gemeinschaften allmählich immer größer geworden sind. Das könnte erbbiologische Folgen gehabt haben. Denn je mehr Mitglieder ein Clan hatte, desto weniger konnten sich die Anführer mit ihren hervorragenden Eigenschaften genetisch verewigen, indem sie die meisten Nachkommen zeugten. Mehr und mehr kamen auch weniger tüchtige Männer zum Zuge, was immer man hier unter »Tüchtigkeit« verstehen will. Diese Entwicklung könnte den Selektionsdruck in Richtung auf qualifiziertere, mit zusätzlichen Fähigkeiten ausgestattete und größere Gehirne abgeschwächt haben.

Hätte sich das Gehirn weiterentwickelt, so aller Wahrscheinlichkeit nach dort, wo es stehengeblieben war. Die stammesgeschichtlich jüngsten Abschnitte wären weiter ausgebaut worden, die Zentren für die höchsten geistigen Fähigkeiten hätten profitiert. Vielleicht hätte der Mensch noch solche Nervenzentren erworben, die ihm bei der Bewältigung seiner heutigen Überlebensprobleme nützlich gewesen wären oder die sie gar nicht erst hätten entstehen lassen. Dazu kam es aber nicht mehr. Die Gehirnentwicklung stagnierte. Größere Einsichtsfähigkeit blieb dem Menschen versagt – und das um so mehr, je stürmischer die Bevölkerung wuchs und ihre hochbegabten Mitglieder das Privileg hoher Nachkommenzahlen verloren. »Die soziale Struktur unserer zeitgenössischen Gesellschaft«, so drückt es der Zoologe Ernst Mayr aus, »belohnt Überlegenheit nicht länger mit Fortpflanzungserfolg.«

Warum wir an den lieben Gott glauben

Damals in der Steppe, als das Großhirn bei den ersten Vertretern des Menschengeschlechts heranwuchs, vielleicht auch später, jedenfalls zu einer Zeit, da der künftige Herrscher der Erde nachzudenken begann, wird ihm auch so manches jenseits der täglichen Verrichtungen durch den Kopf gegangen sein. Seine aufkeimende Wißbegier wird ihn getrieben haben zu fragen, woher diese Umwelt komme, in der er lebt, was da am nächtlichen Himmel über ihm leuchtet und vor sich geht, was nach dem Tode sei und Ähnliches mehr.

Daß wir auch heute noch nicht wissen, woher die Materie kommt, wie das Universum entstanden ist, wie groß es ist, ob es sich ausdehnt oder schrumpft und dehnt oder in einem gleichbleibenden Zustand verharrt, warum dieses rätselhafte Weltall, von dem wir ein Teil sind, überhaupt existiert, warum, nach Gottfried Wilhelm Leibniz, überhaupt Seiendes ist und nicht vielmehr Nichts – dies alles könnte uns zwar ebensogut nur staunen und auf eine Zeit hoffen lassen, in der vielleicht einmal verläßliche Antworten darauf möglich sind.

Aber unsere Wißbegier stört das Nichtwissen und das Wartensollen, es möchte die Ungewißheit möglichst rasch beenden. Wir bemühen uns, es mit allen Mitteln herauszubekommen. Und da unser Suchen vergeblich bleibt, erfinden wir einfach eine Lösung, machen uns eine Vorstellung davon, wie es sein könnte. Wir erfinden ein »höheres Wesen«, das die Welt und das Leben erschaffen hat und das Schicksal jedes einzelnen Menschen bestimmt. Wir gehen sogar noch weiter. Wir statten das höhere Wesen mit Allwissenheit und Allmacht aus und mit menschlichen Eigenschaften wie Liebe und Güte, ungeachtet der grauenhaften Verbrechen, die unter Menschen an der Tagesordnung sind und denen oft genug Unschuldige zum Opfer fallen, ungeachtet der KZ-Greuel, der Untaten der sowjetischen Geheimpolizei GPU unter Stalin, der Geiselmorde oder der Mißhandlung unschuldiger Kinder.

Darüber, wie der Glaube des Menschen an überirdische Mächte entstand, hat es viele scharfsinnige und einleuchtende, aber auch merkwürdig unlogische Erklärungsversuche gegeben. Was immer sie aber aussagen – sie stehen beispielhaft für die Wißbegier des Menschen, hinter die letzten Geheimnisse seiner

Welt zu kommen, und sei es unter Mißachtung der Vernunft, die er gleichwohl als »Gottesgabe« anerkennt. Und sie gehen – wie alle Wißbegier – auf eine Zeit zurück, da es keine Wissenschaft und Technik gab, sondern der Mensch sich noch in »Bärenfelle« hüllte.

Warum glaubt der Mensch?

Um die Gläubigkeit der unbefangenen Frühmenschen als Ergebnis höchst natürlicher Lebenserfahrungen zu erkennen, muß man gar nicht so tief loten. Es gibt dafür zahlreiche Beispiele, so etwa Naturerscheinungen, die dem von den Gesetzen der Physik und Chemie noch unbelasteten Steppenbewohner rätselhaft erscheinen mußten. Er konnte gar nicht anders als annehmen, daß beispielsweise sein Spiegelbild im Wasser oder sein Körperschatten eine Art zweiter Existenz seines Ichs darstellten, ein von seinem Körper losgelöster, geisterhafter Doppelgänger – ein Glaube, von dem es bis zum Geisterglauben mit allen seinen Kuriositäten nur noch ein kleiner Schritt war.

Ähnlich ging es mit dem Echo. Wie kommt es zustande? Der Mensch der Frühzeit wie auch noch mancher »Wilde« unserer Tage wußte und weiß es nicht. Er wußte und weiß nichts von Schallwellen und deren Reflexion an festen Gegenständen. So mußte er glauben, daß ihm geheimnisvolle Wesen, die er nicht sehen konnte, aus der Ferne antworteten.

Oder der Traum. Wie sollte der von der Wissenschaft noch unberührte Frühmensch wissen, wie er sich erklärt? Wir wissen es ja heute kaum. Was wußte er von den Vorgängen im Gehirn, was vom Schlaf? Kein Wunder, wenn er annahm, daß er womöglich aus zwei Personen zusammengesetzt war, die sich voneinander lösen konnten: die eine, die an Ort und Stelle mit geschlossenen Augen ruhig atmend und für alle sichtbar verbleibt, und die andere, die sich auf mysteriöse Reisen begibt. Aus dieser Erfahrung folgte zwanglos die Vorstellung der Zweiheit, der Dualität von Körper und Seele.

So ergab sich für den schlichten Erdenbürger auch der Hinweis darauf, daß der Mensch nach dem Tode weiterleben könnte. Wer nichts wußte von der Notwendigkeit eines funktionierenden Gehirns als Voraussetzung für geistig-seelische Regungen, der konnte guten Gewissens daran glauben, daß seine »zweite Person« nach dem Tode nicht wie beim Erwachen in den Körper zurückkehrt, sondern fortan ein wie auch immer verstandenes, körperloses Eigenleben führt.

Noch eine weitere Ursache für die Gläubigkeit dürfte in der

Zeit unserer stammesgeschichtlichen Vorfahren zu suchen sein. Die frühmenschlichen Erdbewohner mußten die Welt, in der sie lebten, begreifen lernen und so gestalten, daß sie in ihr eine Heimstatt finden konnten. Sie mußten sich ihre ökologische Nische erst schaffen, denn als einst baumlebende, im Schutz der Wälder heimische Wesen fehlten ihnen nahezu alle Eigenschaften, um in der offenen Steppe zu überleben: Schnelligkeit zur Flucht vor Feinden, hohe Gestalt zum freien Blick über das Grasland, auch große Muskelkraft in den Beinen. Neben vielem anderen mußten sie lernen, zweckmäßig auf Geschehnisse in der noch als feindlich erlebten Natur zu reagieren.

Das alles setzte gedankliche Arbeit voraus. Wer einen Vorgang richtig einschätzen will, muß seine Ursachen kennen. Er muß wissen, daß nach der Schneeschmelze oder ergiebigen Regenfällen Hochwasser kommt und allzu nah am Fluß gebaute Hütten den Fluten wahrscheinlich zum Opfer fallen werden. Er muß wissen, wann das Wild zur Tränke geht und welche Wechsel es benutzt, und daß das Holz der Zweige im ersten Saft für seine Fallen am geschmeidigsten ist.

Das, was man Erfahrung nennt, erwarb der Frühmensch dank seines Gehirns und in der täglichen Praxis. Das Denkorgan half ihm auch, so manches körperliche Handicap wettzumachen, das ihn gegenüber den Steppentieren benachteiligte. Die ihren Instinkten verhafteten Tiere mochten sich scheinbar noch so »klug« verhalten, zu Überlegungen waren sie schwerlich in der Lage. Der Urmensch dagegen lernte Ursachen und Wirkungen kennen, wo er ging und stand. Dank seines rasch sich entwickelnden Gehirns leuchtete ihm ein, daß es größeren Jagderfolg versprach, sich nicht mit, sondern gegen den Wind an das Wild heranzupirschen. Er erkannte, daß gegenseitiges Helfen in der Horde nützlicher war als ein Verhalten, daß nur dem eigenen Vorteil diente, weil der Verband in der Wildnis größere Überlebenschancen hatte als der Einzelgänger.

Die Erfahrung, daß etwas so oder so ablief, weil etwas anderes zuvor so oder so abgelaufen war, brachte ihm zunehmend Vorteile ein, weil er sich nun zweckmäßig und zielgerichtet verhalten konnte. Und weil einzelne menschliche Urbewohner der Erde aufgrund ihrer Erbanlagen folgerichtiger denken und überlegter handeln konnten als andere, brachte ihnen diese Eigenschaft wahrscheinlich auch Auslesevorteile und bessere Fortpflanzungschancen. Die weitere Verbreitung eben solcher Anlagen wurde also gefördert. So breitete sich allmählich das

Ursache-Wirkung-Denken aus und mit ihm das »Kausalitätsbedürfnis«.

Gehen wir also einmal davon aus, daß das Ursache-Wirkung-Denken für die Menschen damals und auch im weiteren Verlauf der Stammesentwicklung eine wichtige Überlebenshilfe gewesen ist. Dann ist es naheliegend, daß der Frühmensch sich angewöhnte, auch alle möglichen anderen Erscheinungen in der Natur und im Zusammenleben mit seinen Mitmenschen unter dem Gesichtspunkt von Ursache und Wirkung zu sehen. Wenn er die für ihn positive Wirkung von etwas erkannt hatte, konnte er versuchen, die auslösende Ursache herbeizuführen, um die Wirkung beliebig neu hervorzurufen, oder er konnte im negativen Fall eine unerwünschte Wirkung vermeiden, indem er die Ursache gar nicht erst eintreten ließ. Er wußte nun, daß ein Feuer sich vergrößern würde, wenn es genügend Nahrung fand und der Wind günstig stand, und daß mit dem Zorn desjenigen Stammesbruders zu rechnen war, dessen Gefährtin er verführt hatte.

Sehr bald mag der Mensch freilich auch erkannt haben, daß die Ursache-Wirkung-Zusammenhänge nicht immer leicht durchschaubar waren. Bestimmte Erscheinungen wie die Jahreszeiten, Insektenplagen, Krankheiten oder Donner und Blitz entzogen sich zunächst einer plausiblen Erklärung. Er sah sich in diesen Fällen in dem unbefriedigenden Zustand, daß er zwar Wirkungen erlebte, aber selbst bei intensivem Nachdenken nicht ergründen konnte, welche Ursachen ihnen zugrunde lagen.

Das mußte ihn frustrieren. Es mußte um so ärgerlicher sein, als es sich dabei gerade auch um Erscheinungen handelte, die tief in sein tägliches Leben eingriffen und durch die er unmittelbar Schaden erleiden oder Vorteile haben konnte. Vor allem die Wettererscheinungen gehörten dazu. Scheinbar willkürlich konnte die Sonne die Früchte reifen oder anhaltender Regen sie faulen lassen. Der Regen konnte die Erde fruchtbar machen oder Überschwemmungen anrichten. Die Sonne konnte seine Haut wärmen, aber auch Dürrezeiten mit sich bringen. Der Blitz konnte Bäume spalten, Steppenbrände entfachen und den besten Freund auf offenem Felde töten. Der Hagel konnte seine Hütten zerstören, der Nebel ihm die Sicht nehmen.

Was steckte hinter all diesen Dingen? Da der Mensch gewohnt war, wißbegierig überall nach Ursachen zu forschen, sagte er sich, daß auch die Wettererscheinungen Ursachen haben müßten, auch wenn ihm diese so hartnäckig verborgen blieben. Er wird sich weiter gesagt haben, daß diese Ursachen

»oben« über ihm zu suchen sein müßten, denn aus der Höhe kamen ja Regen und Schnee, Blitz und Donner. Selbst der Sturm schien aus den Wolken herabzubrausen. Noch unbeschwert vom Wissen um die meteorologischen Zusammenhänge erlebte der Frühmensch nur die unmittelbaren Erscheinungen mit ihren guten oder bösen Folgen für sein Leben. Allerdings entdeckte er auch eine Gemeinsamkeit: Er erkannte, daß auch er selbst Gutes oder Böses tun und seine Stammesbrüder mit ihren Taten gute oder böse Wirkungen auslösen konnten.

So lag der Gedanke nahe, daß auch »dort oben« zu guten und bösen Taten fähige, also menschenähnliche Wesen ihr Spiel mit den Menschen trieben.

Mehr noch: Der Umstand, daß die Naturerscheinungen sich unmittelbar vorteilhaft oder nachteilig für ihn auswirkten, ließ ihn scheinbar folgerichtig daran denken, daß die mutmaßlichen Wesen hinter ihnen mal gut, mal schlecht gelaunt sein konnten: Waren sie gütig und freundlich gestimmt, schickten sie ihm die gerade begehrten Wetterverhältnisse, waren sie zornig, dann schickten sie verheerende Stürme, sengende Hitze oder eine Kälte, unter der alles erfror. Und da diese Erklärung die damals einzig einleuchtende war, erweiterte man sie noch und schrieb alsbald auch Glück und Unglück im Leben, bei der Jagd, im Kampf und bei der Nahrungsbeschaffung den Mächtigen über den Wolken zu.

So mögen die ersten Vorstellungen darüber entstanden sein, was später zum Glauben an überirdische Wesen gedieh, was zu Phantasieprodukten von Dämonen und Riesen, von Sturm- und Regengöttern, vom Gott der Sonne, der Göttin der Nacht, den zahlreichen Licht- und Spukgestalten der Märchen- und Sagenwelt geworden ist. Zugleich mag etwas eingetreten sein, was man als eigentlich menschliches Phänomen auffassen mag: daß der Mensch nämlich auf ein rationales Unterpfand für die tatsächliche Existenz solcher Wesen verzichtete, daß ihm die Naturerscheinungen und das Glück oder Unglück im Leben als Indiz für ihr Vorhandensein ausreichten: der »Glaube« entstand.

Natürlich hörten die Überlegungen auch hier nicht auf. Aus dem täglichen Leben war bekannt, daß man einen zornigen oder mißgelaunten Stammesgenossen umstimmen konnte, wenn man ihm etwas schenkte. Und man wußte auch, daß die Versöhnung, die Besänftigung, der Sinneswandel um so nachhaltiger ausfielen, je wertvoller die Sache war, die man herzugeben gewillt war.

So erschien es sinnvoll, auch den vermuteten Wesen über den

Wolken jeweils dann etwas zu schenken – zu »opfern« –, wenn man sie umstimmen wollte, wenn sie sich böse zeigten, wenn sie statt der anhaltenden Dürre endlich Regen, statt ständiger Mißerfolge endlich einmal Glück im Kampf und auf der Jagd bescheren sollten. Das gleiche tat man aus Dankbarkeit, wenn die Ernte gut oder das Kriegsglück auf der eigenen Seite gewesen war. Und um möglichst sicherzugehen, daß die Geschenke ihre Adressaten auch erreichten, wählte man eine Form, die das kostbare Nahrungsmittel, das Opfertier oder gar den geopferten Menschen auch wirklich »in die Wolken« beförderte, das heißt, man verbrannte sie und sah zu, wie der Rauch den Geist des Dargebrachten nach oben trug.

Auch die weitere Entwicklung der Dinge, darunter die Entstehung der Priesterkaste, läßt sich aus dem Ursache-Wirkung-Denken des Menschen ableiten. Wo Opfer gebracht wurden, da mußte es dem Ernst der Sache entsprechend würdig zugehen. Da mußten Opfergaben ausgewählt, vorbereitet und feierlich überreicht werden. All das waren Aufgaben, die in angemessener Weise zu verrichten waren. Sie erforderten Beauftragte, die ihrem Wesen nach dafür besonders geeignet erschienen.

So entstand der Priesterberuf. Der Priester war es, der alles in Szene setzte und den Ritus vollzog. Er sorgte dafür, daß weihevolle Stimmung aufkam, daß Opferplatz und -zeit richtig gewählt wurden (oft spielten die Stellung von Sonne und Mond dabei eine Rolle), und die Opferung schließlich unter eindrucksvollen Gesten, Beschwörungen, Gesängen, Tänzen, Bitt- oder Dankgebeten vor sich ging. Und weil es sich dabei um vermeintlich über Gedeih und Verderb entscheidende Aufgaben handelte, vertraute man sie nur angesehenen, respektablen und ehrfurchtheischenden Leuten an.

Es ist auch anzunehmen, daß die Priester durch ihre Aufgaben schon früh Macht über andere Menschen ausübten. War die Not groß, hatte es lange nicht geregnet oder galt es, das Jagdglück zu erbitten, so wandte man sich zunächst an sie als diejenigen, die man den Göttern vertraut wähnte, die man am ehesten für befähigt hielt, mit den Heil oder Unheil verbreitenden Mächten über den Wolken zu verhandeln. Von den Priestern holte man sich Rat. Trat der erhoffte Wandel, das Jagdglück oder der Kampferfolg dann ein, so schrieb man dies nicht allein den Opfergaben zu, sondern mehr oder weniger auch dem Verhandlungsgeschick, dem Einfluß und dem Auftreten jener, die sich als Priester betätigten oder dazu auserwählt worden waren.

Das umgab die Geweihten mehr und mehr mit der Aura des Bedeutenden, des Mächtigen, des Unantastbaren und Heiligen. Niemand wollte es mit ihnen verderben, denn es hätte ja sein können, daß man es dann auch mit den Göttern verdarb.

Das erkannten ihrerseits auch die Priester und bauten ihre Stellungen entsprechend aus, wobei durchaus auch egoistische Motive mitspielen mochten. Die Ehrerbietung der Gläubigen lieferte das Erfolgserlebnis. Und so erfuhr ihr Machtbewußtsein einen sich steigernden Effekt, und das alles gab sich auch äußerlich zu erkennen. Man strahlte Gewichtigkeit aus, trug wallende und farbenprächtige Gewänder, bediente sich heiliger Reliquien, verströmte Weihrauch, sagte angeblich wunderwirkende Sprüche auf und dergleichen mehr – lauter Rituale, die wir auch heute noch mehr oder weniger ausgeprägt während der Gottesdienste in den Kirchen erleben. Selbst unter modernen Soutanen also noch das Bärenfell als Symbol für unser Verhaftetsein mit dem Verhalten und Denken unserer frühen Vorfahren? Besonders eindrucksvoll war die Wirkung der Gottesdiener auf ihre Umgebung dann, wenn sie die heilkräftige Wirkung von Pflanzen kannten oder Praktiken beherrschten, mit denen sie den Eindruck erwecken konnten, als besäßen sie Zauberkräfte. Bei unbefangenen Menschen verstärkte dies die Vorstellung, als habe man es mit Günstlingen der Götter zu tun.

Wir wollen diese Überlegungen hier jedoch nicht fortsetzen, vielmehr noch etwas beim Phänomen der Gläubigkeit selbst bleiben. Da gibt es eine Erscheinung, die man den »Einmal-ist-keinmal-Effekt« nennen könnte. Er besteht darin, daß wir Menschen unserer Natur gemäß offenbar nicht in der Lage sind, einmalige Übertretungen folgerichtigen Denkens reuevoll auf sich beruhen zu lassen, um uns künftig wieder bewährteren Denkweisen zuzuwenden, sondern daß wir – ist die »Übertretung« einmal geschehen – uns neue Übertretungen leisten, als sei es durchaus legitim, einem einmal begangenen Akt intellektueller Unredlichkeit beliebig viele andere folgen zu lassen.

Kommen wir dazu nochmals auf die Ursprünge des Glaubens zurück. Wenn es so war, daß die von der modernen Wissenschaft noch unbelasteten, gleichwohl wißbegierigen Menschen sich Naturerscheinungen, Glück und Unglück als von überirdischen Wesen hervorgebracht dachten, so war der Schritt nicht mehr weit zu der wiederum fiktiven Annahme, daß jene »Götter« die Erde mit ihren Lebewesen, vielleicht auch die Sonne, Mond und Sternenhimmel gewissermaßen als Betätigungsfeld für den eigenen Spieltrieb geschaffen hätten. Ein Zeugnis für diesen Glauben ist das germanische Götterlied ›Der Seherin Gesicht‹, in dem es heißt:

»Urzeit war, da Ymir hauste: Nicht war Sand noch See noch Salzwogen, nicht Erde unten noch oben Himmel, Gähnung grundlos, doch Gras nirgend...

Bis Burs Söhne den Boden hoben, sie die Mittgart, den Mächtigen, schufen: von Süden schien Sonne aufs Saalgestein; grüne Gräser im Grund wuchsen...

Von Süden die Sonne, des Monds Gesell, rührte mit der Rechten den Rand des Himmels: die Sonne kannte ihre Säle nicht; die Sterne kannten ihre Stätte nicht; der Mond kannte seine Macht noch nicht...

Zum Richtstuhl gingen die Rater alle, heilige Götter, und hielten Rat: Für Nacht und Neumond wählten sie Namen, benannten Morgen und Mittag auch, Zwielicht und Abend, die Zeit zu messen...«

Im Denken der meisten gläubigen Menschen sind so konkrete Bilder heute von abstrakteren Vorstellungen abgelöst worden. Da ist die Rede von »Gott« als dem »Hintergrund der endlichen Dinge«, von dem »Ganz Anderen«, von der »Letzten Ursache alles Seienden«, schlicht dem »Allmächtigen« und ähnlichem. Hinter all diesen verbalen Konstruktionen steckt jedoch ein wenn auch nebelhaftes Etwas, dem bestimmte Eigenschaften zugeschrieben werden, darunter die Fähigkeit zur Schaffung von Materie aus dem Nichts.

Den Glauben daran haben auch die sogenannten Wunder gefördert. Es sind behauptete Geschehnisse, die gewöhnlich die Aufhebung der Naturgesetze, sprich die Mitwirkung einer jenseits dieser Gesetze stehenden Kraft voraussetzen. Warum sind die »Wunder« des Glaubens liebste Kinder? Um darauf zu antworten, müssen wir noch einmal auf die Rolle der Priester eingehen. Ihnen mußte ja daran gelegen sein, die Gläubigen oder jene, die es werden sollten, zu beeindrucken. So mögen sie nicht nur noch unerklärbare Himmelserscheinungen wie Kometen, Mond- und Sonnenfinsternisse für göttliche Zeichen erklärt, sondern auch über geheimnisvolle Vorfälle berichtet haben, darunter »Erscheinungen« von Göttern oder deren Abgesandten, von Engeln oder Dämonen, die ihnen Botschaften überbracht und sich dann auf ebenso geheimnisvolle Weise wieder zurückgezogen hätten.

Solche angeblichen Erlebnisse brauchten nicht einmal bloßer

Phantasie entsprungen gewesen oder gar aus manipulatorischer Absicht erwähnt worden sein. Wir wissen, daß manche Menschen unter bestimmten Bedingungen gewisse Dinge für real halten, daß sie dann manches sehen oder hören, was in Wahrheit nicht oder nicht in der Art geschehen ist, wie sie es hinterher berichten.

Freilich: Mit dem Zuwachs an Kenntnissen kam auch Kritik auf, und mit der Kritik wuchsen die Zweifel an jenen vorgegebenen Zeichen göttlicher Nähe, wie sie die Priester für sich beanspruchten. Darum war es auch verständlich, wenn diejenigen, die sich dem »Gottesdienst« verschrieben hatten, die von ihm lebten und deshalb auch möglichst viele Gläubige gewinnen wollten, kurz, wenn die Priester so manchen Bestrebungen Widerstand entgegensetzten, mehr Wissen unter das Volk zu bringen. Sie wußten ja nur zu gut, daß damit immer mehr Menschen in die Lage versetzt würden, bestimmte Zusammenhänge selbst zu hinterfragen und so möglicherweise ihre eigene Macht zu schmälern. Hier mögen letzten Endes die Wurzeln der noch heute so nachdrücklichen Wissenschaftsfeindlichkeit der Kirche liegen. Denn der Gläubige wird seinem Glauben um so eher treu bleiben, je weniger er in der Lage ist, die Glaubensaussagen mit den Maßstäben wissenschaftlicher Erkenntnisse zu messen.

Doch zurück zu den Wundern. Aus Verlautbarungen des Vatikans geht hervor, daß in religiösen Wallfahrtsorten wie Lourdes in Südfrankreich oder Fatima in Portugal gelegentlich wundersame Heilungen von Krankheiten stattfinden, darunter Leiden, die mit den Methoden der Schulmedizin lange und vergeblich behandelt worden sind. Die Pilgerstätte Lourdes ist mittlerweile eines der bekanntesten christlichen Heiligtümer. In der dortigen »Grotte von Massabielle« am Gavefluß soll im Februar 1858 dem 14jährigen Hirtenmädchen Bernadette Soubirous beim Holzsammeln achtzehnmal die Jungfrau Maria erschienen sein. Seitdem übt der Ort mit derzeit rund drei Millionen Besuchern jährlich eine Art magischer Anziehungskraft vor allem auf gläubige Kranke aus, die sich dort Heilung erhoffen. Im portugiesischen Fatima sind es drei Hirtenkinder gewesen, die dort im Jahre 1917 »Muttergottes-Visionen« gehabt haben. In einem für die Lourdes-Pilger bestimmten Flugblatt heißt es, die »Wunder« seien Kennzeichen der göttlichen Sendung Christi, der mit ihnen seine Botschaft der Gottes- und Nächstenliebe den Menschen verständlich mache. Die Wunder anzuerkennen, sei die Bestätigung für die Existenz Gottes.

Es mag schwerfallen, in diesem Zusammenhang auf die ungezählten gelähmten Kinder in ihren Rollstühlen zu verweisen, die das »Wunder« der Heilung in gläubiger Zuversicht so sehnlich erwarten wie viele andere gläubige Kranke, die vergeblich nach Lourdes reisen. Doch soll uns dieser Aspekt hier nicht beschäftigen. Wir wollen statt dessen danach fragen, was es ist, das einen Kranken gelegentlich auf scheinbar wunderbare Weise gesund werden läßt.

Sollte eine bestimmte psychische Verfassung zur Heilung beitragen? In seinem Werk ›Die Anfänge der Medizin‹ gibt der Schweizer Medizinhistoriker Henry E. Sigerist einen Hinweis auf das Geheimnis, wenn er schreibt:

»Heute wird jeder Arzt, der einige Erfahrungen mit Kranken hat, die zu Quacksalbern gehen oder in Kirchen Heilung suchen, den Typus sofort erkennen. Es sind in der Regel Leute, die an gewissen chronischen Krankheiten leiden..., die jahrelang erfolglos behandelt werden und dann manchmal ohne jeden ersichtlichen Grund plötzlich heilen. Zu ihnen gehört ferner die große Schar jener Kranken, die Symptome der Hysterie zeigen... Nach Bleuler ist Hysterie eine bestimmte Art von seelischer Reaktion auf unangenehme Situationen, denen der Mensch nicht ins Auge zu sehen wagt und vor denen er sich in die Krankheit flüchtet. Dem normalen Menschen bleibt keine andere Wahl, als solche Situationen zu ertragen, an ihnen zu leiden oder sie zu überwinden, während der Hysteriker ihnen ausweicht, indem er blind, taub, stumm oder lahm wird und Schmerzen, Krämpfe oder andere Symptome entwickelt. Dadurch, daß der Betreffende krank ist, genießt er alle Privilegien, die die Gesellschaft dem Kranken gewährt; und da seine Krankheit einem unbewußten Wunsch entspringt, ist sie schwer zu heilen. Gelingt es jedoch, die Einstellung des Patienten zum Leben zu beeinflussen, in ihm das Verlangen nach Heilung zu wecken..., so kann es geschehen, daß der Blinde, der Gott im Traum sah, am nächsten Morgen auch die Welt sieht und daß der Gelähmte seine Krücken wegwirft. Wir wissen jedoch, daß derartige anscheinend wunderbare und doch wirkliche Heilungen nicht immer anhalten.«

Gesteht man diesen Hinweisen einige Berechtigung zu, so wird mancher rätselhafte Vorgang in den Wallfahrtsorten verständlicher. Manchem Patienten könnte man den Besuch sogar als Therapeutikum empfehlen. Und wäre der Kirche nicht an anderem gelegen, so könnte sie sich getrost zu jenem psychosomatischen Effekt bekennen, der hier eine Rolle spielt und den bestimmte Menschen erleben, wenn ihnen besondere Umstände starke innere Erlebnisse vermitteln.

Inzwischen haben neue Erkenntnisse der psychosomatischen Medizin weiter zur Aufklärung der merkwürdigen Heilungsphänomene beigetragen. Es gibt ja kaum eine Krankheit – und dies wissen auch die Streßforscher –, die nicht zumindest teilweise von psychischen Vorgängen beeinflußt werden kann. Asthma, Durchfälle, Verstopfung, Magengeschwüre, Galle- und Leberleiden, hoher Blutdruck und Herzinfarkt seien hier nur als Beispiele für eine Vielzahl anderer Leiden genannt, die so eindeutig psychisch mitbedingt sind, daß man sich darüber nicht weiter zu verbreiten braucht. Hinzu kommt der Kreis der hysterischen Krankheiten mit ihren körperlichen Folgen wie Lähmungen, Blindheit und Taubheit. Auch unser Immunsystem, die Gesamtheit der körperlichen Abwehrkräfte gegen Infektionskrankheiten, reagiert auf seelische Vorgänge.

Früher waren in Lourdes die Gipsabdrücke geheilter Extremitäten als Beweise für die Wundertätigkeit der Jungfrau Maria zu besichtigen; heute hängen am Felsen von Massabielle nur noch die Krücken von Geheilten. »Ich habe die Gipsabbildungen der unteren Extremitäten, die verkrüppelt gewesen waren, betrachtet«, schrieb der französische Psychiater Charcot in seinem Buch ›Heilender Glaube‹. »Sie entsprachen genau den bekannten Formen hysterischer Konturen der unteren Extremitäten.« Sollte dies schon nachdenklich machen, so kommt noch hinzu, daß in den Wallfahrtsorten noch nie ein verlorener Arm oder ein amputiertes Bein nachgewachsen sind. Das verwundert freilich nicht, denn solche Art von Gebrechen entzieht sich dem Einfluß der Psyche.

Im Kapitel über die Todesangst war die Rede vom psychogenen Tod, wie er namentlich bei Angehörigen primitiver, ihren Gefühlen und Affekten stark verhafteter Völker vorkommt. Da dies keine Ammenmärchen sind, wäre es töricht, einen seelischen Einfluß auf gewissermaßen gegenteilige Vorgänge im Körper leugnen zu wollen, Vorgänge, die mit Unterstützung der Psyche zur Genesung beitragen. Besonders solche Menschen machen diese Erfahrung, die stark suggestibel sind, die sich leicht hypnotisieren lassen, die durch geschickte Werbung oder durch kategorische Willensäußerungen anderer in ihrer nächsten Umgebung beeinflußbar sind. Stark suggestible Menschen vertrauen bei der Bewertung von Informationen mehr ihrem Gefühl, während andere mehr logischen Argumenten und ihrem Verstand folgen. Es sei hier auf die russischen Autoren F. V. Bassin und K. K. Platanov verwiesen, in deren Buch ›Verborgene Reserven des höheren Nervensystems‹ von »Überfähigkeiten« solcher Menschen die Rede ist:

»Alle möglichen, aus der Geschichte der Medizin wohlbekannten Szenen mit der Wunderheilung von Hysterischen, verschiedenen Erscheinungen des Schamanentums bei Völkern auf niederer Kulturstufe, Fälle unsinniger Leichtgläubigkeit von in Panik geratenen Menschen und viele ähnliche – all dies sind deutliche Beispiele für eine starke Suggestibilität, die man gewöhnlich bei der Fixierung des Bewußtseins auf eine bestimmte Vorstellung beobachtet, wobei alle konkurrierenden antagonistischen Erlebnisse im Bewußtsein unterdrückt oder aus ihm verdrängt werden. Solche Zustände lassen sich als eigentümliche pathologische Einengung des Bewußtseinsfeldes, als teilweise Hemmung höherer Nerventätigkeit charakterisieren.«

Die Beziehung zu den angeblichen Wunderheilungen in den Wallfahrtsorten drängt sich hier auf. Der Heilungsuchende trifft dort auf alles, was seine Psyche in entsprechender Weise anregt. Die schon während der Reise gehegte Erwartungsspannung steigert sich bei der Ankunft. Ein starkes seelisches Erlebnis steht ihm bevor mit allen Voraussetzungen, ihn in jene eingeengte Bewußtseinslage zu versetzen und jene Suggestion zu vermitteln, die seine Überfähigkeiten mobilisieren. Die erregende, dramatisch aufrüttelnde Szenerie nimmt ihn gefangen und mag in Ausnahmefällen dazu führen, daß mit Hilfe der eigenen Psyche ein »Wunder« geschieht.

Wir sind damit am Ende dieser Betrachtungen, die zeigen sollten, wie in der Frühzeit des Menschengeschlechts erworbene Verhaltensweisen und geistig-seelische Kräfte sich über die Jahrhunderttausende erhalten haben: zum Schmunzeln, zu unserem Schrecken, aber auch zu unserem Glück, wie gerade das Beispiel der sogenannten Wunderheilungen zeigt.

Es sollte nützlich sein, von diesen merkwürdigen Zusammenhängen zu wissen, die hier nur zu einem Teil behandelt sind. Manches liegt noch im Verborgenen. Die Erkenntnis aber, daß wir nicht als unbeschriebenes Blatt zur Welt kommen, sondern in so vielem noch immer an unsere stammesgeschichtliche Vergangenheit erinnern, mag hilfreich sein auch für die Gegenwart: für das Verständnis unserer so flüchtigen Existenz auf der Erde.

Eine Art Motivation

Es ist möglich, daß den Leser am Ende dieses Buches Zweifel befallen, ob der Ansatz, der ihm zugrunde liegt, überhaupt berechtigt gewesen ist. Er mag sich fragen, ob die Triebhaftigkeit des Menschen wirklich aus seiner stammesgeschichtlichen Vergangenheit herrührt, oder ob die »Menschwerdung« nicht doch eine so starke Zäsur darstellt, daß sich jede auch noch so bedachtsame Anspielung auf Vor- und Urzeitliches verbietet.

Mit anderen Worten: Ist dem Homo sapiens mit seinen im Großhirn lokalisierten geistigen Fähigkeiten nicht eine Qualität zugewachsen, die jeden Vergleich mit seinen Vorgängern banal erscheinen lassen muß?

Andererseits fehlen dem Menschen beispielsweise jene instinktiven Hemmungsmechanismen, die das Tier am Töten seiner Artgenossen hindern. Wir Menschen müssen diese Hemmschwellen trotz unserer Vernunft, trotz Erziehung und Einsichtsfähigkeit erst noch durch Gesetze und Strafandrohungen errichten.

Vielleicht ist da jene merkwürdige Polarität unseres Gehirns mitverantwortlich, insofern die stammesgeschichtlich älteren Strukturen mit ihren Steuerzentren für Gefühle einem neueren, intellektuellen Bereich in der Großhirnrinde gegenüberstehen: zwei Sphären in dem großen verschlungenen Knäuel in unserem Kopf, die durchaus nicht immer, ja eigentlich nur selten harmonisch miteinander korrespondieren, sondern sich eher kontrovers verhalten. Lapidar gesagt: Gefühl und Vernunft liegen bei uns allzu oft im Clinch. Und dieser Umstand stellt womöglich sogar eine auf die Dauer tödliche Bedrohung für unser Geschlecht dar.

Will das »emotionale Gehirn« das »intellektuelle« kontrollieren, so mißlingt das ebenso oft wie der umgekehrte Versuch.

Das alles mag ein Zeichen mehr dafür sein, daß wir aus dem Tierreich kommen. An der »Tiernatur« des Menschen läßt sich also kaum zweifeln. Auch wenn wir uns grundlegend von den Tieren unterscheiden, so verbindet uns doch noch so viel mit ihnen, daß es legitim gewesen sein mag, Verhaltensverwandtschaften zu dieser unserer stammesgeschichtlichen Vergangenheit aufzuzeigen.

Darum sei am Schluß dieses Buches betont, daß es nicht aus

einer Auffassung heraus geschrieben worden ist, die den Menschen gewissermaßen als »Supertier« betrachtet. Wer zwischen den Zeilen lesen konnte, wird dies auch so verstanden haben. Wir sind keine Musterknaben, sondern Lebewesen mit ganz neuen Eigenschaften und Besonderheiten. Und doch können wir das »Bärenfell« nicht verleugnen, das uns umhüllt und nicht immer zum Schmuck gereicht, ob wir es wahrhaben wollen oder nicht.

Literaturhinweise

Alland, A.: Evolution und menschliches Verhalten. Frankfurt/M. 1970.
Bilz, R.: Die unbewältigte Vergangenheit des Menschengeschlechts. Frankfurt/M. 1967.
Bilz, R.: Menschliche Anstoßaggressivität (Mobbing). In: Deutsches Ärzteblatt, Heft 4, 23. 1. 1971, S. 237–241.
Bilz, R.: Paläanthropologie. Frankfurt/M. 1971.
Bozzano, E.: Übersinnliche Erscheinungen bei Naturvölkern. Bern 1948.
Breuer, G.: Der sogenannte Mensch. München 1981.
Darlington, C. D.: Die Wiederentdeckung der Ungleichheit. Frankfurt/M. 1980.
Eibl-Eibesfeldt, I.: Der Mensch, das riskierte Wesen – Zur Naturgeschichte menschlicher Unvernunft. München 1988.
Eliade, M.: Schamanismus und archaische Ekstasetechnik. Frankfurt/M. 1975.
Freud, S.: Die Traumdeutung. Leipzig 1900.
Fromm, E.: Anatomie der menschlichen Destruktivität. Stuttgart 1974.
Goethe, F.: Über das Anstoßnehmen bei Vögeln. In: Zeitschrift für Tierpsychologie 3, 1939, S. 371.
Hacker, F.: Aggression – Die Brutalisierung der modernen Welt. Wien 1971.
Hacker, F.: Materialien zum Thema Aggression (Gespräche mit Adelbert Reif und Bettina Schattat). Wien 1972.
Jung, C. G.: Das Unbewußte im normalen und kranken Seelenleben. Olten 1971.
Knaut, H.: Das Testament des Bösen. Stuttgart 1979.
Konner, M.: Die unvollkommene Gattung. Basel 1984.
Löbsack, Th.: Das manipulierte Leben – Gentechnologie zwischen Fortschritt und Frevel. München 1985.
Löbsack, Th.: Die letzten Jahre der Menscheit – Vom Anfang und Ende des Homo sapiens. München 1983 und Berlin 1986.
Löbsack, Th.: Versuch und Irrtum – Der Mensch: Fehlschlag der Natur. München 1974.
Löbsack, Th.: Wunder, Wahn und Wirklichkeit – Naturwissenschaft und Glaube. München 1976.
Löbsack, Th.: Die manipulierte Seele. Düsseldorf 1979.
Löbsack, Th.: Magische Medizin. München 1980.
Lorenz, K.: Das sogenannte Böse. Wien 1963.
Lorenz, K.: Über tierisches und menschliches Verhalten. Bd. II, München 1965.
Lorenz, K.: Vergleichende Verhaltensforschung – Grundlagen der Ethologie. Wien 1978.
Lorenz, K.: Die Rückseite des Spiegels. München 1973.

Marzell, H.: Zauberpflanzen und Hexentränke. Stuttgart 1963.
Matussek, P.: Die Konzentrationslagerhaft und ihre Folgen. Berlin 1971.
Mayr, E.: Evolution und die Vielfalt des Lebens. Berlin 1979.
Mayr, E.: Artbegriff und Evolution. Hamburg 1967.
Meijas, J.: Ku Klux Klan. In: Frankfurter Allgemeine Zeitung (Magazin), 11. 11. 1988, S. 35–44.
Mohr, H.: Biologische und kulturelle Evolution der Moral. In: Naturwissenschaftliche Rundschau, Jahrgang 42, 4, 1989, S. 127–132.
Morris, D.: Der Menschenzoo. München 1969.
Morris, D.: Der nackte Affe. München 1968.
Oepen, I./Prokop, O. (Hrsg.): Außenseitermethoden in der Medizin. Darmstadt 1979.
Ploog, D.: Anlage und Umwelt. In: Deutsches Ärzteblatt, Heft 11, 15. 3. 1979.
Prokop, O. (Hrsg.): Medizinischer Okkultismus. Stuttgart 1977.
Schenkel, R.: Ausdrucks-Studien an Wölfen. In: Behaviour, Bd. I, Teil 2, 1947.
Skinner, B. F.: Futurum Zwei. Hamburg 1970.
Toufexis, A.: Violent Kids. In: Time, 12. 6. 1989, S. 46–51.
Uexküll, J. v.: Streifzüge durch die Umwelten von Tieren und Menschen – Bedeutungslehre. Hamburg 1956.
Vogel, F./Propping, P.: Ist unser Schicksal mitgeboren? Berlin 1981.
Waal, F. de: Wilde Diplomaten. München 1991.
Washburn, S. L./Avis, V.: Evolution of Human Behaviour. In: Behaviour and Evolution, Yale University Press, 1967.
Wickler, W.: Die Biologie der Zehn Gebote. München 1971.

Register

Abstammungslehre 94 ff.
Abweichler 57 ff.
Aggression 89 ff.
Alphatier 47 f., 93
Angeblicktwerden, Angst vor dem 83 ff.
Angst 11 f.
Animalismus 144 f.
Auslese der Tauglichsten 93 ff.
Außenseiter 57 ff., 62–65, 71–74
Ausschreitungen 44–47, 112 ff.
Ausweglosigkeit 16 ff., 87 f.
Avis, V. 99 f.

Bassin, F. V. 184
Bedeutungslehre 19 f.
Behaviourismus 40 f.
Behrmann, W. 14, 20
Bell, W. 56
Berserkergang 150 f.
Bilz, R. 10, 12, 16 f., 20 f., 26, 60 f., 65 f., 82
Brutalisierung 89 f., 105
Büroschlaf 24 f.

Calhoun, J. 37 f.
Carstairs, G. 36

Danner, M. 31
Darwin, Ch. 94 f.
Demutshaltung 47 f., 125, 139
Denken, folgerichtiges, autistisches, magisches 140–143
Destruktivität, menschliche 99 f.
Distanzbedürfnis 35 f.
Dualität 174
Dubček, A. 113

Eibl-Eibesfeldt, I. 31, 43, 53, 77 ff., 94, 108 f., 112
Eiff, W. v. 127
Empfängnisverhütung 126 ff.
Erbe und Umwelt 8 ff.
Erwachen, schreckhaftes 81 ff.
Exorzismus 158 ff.

Felszeichnungen 144 f.
Finger, unzüchtiger 136
Fluchtweg 86 f.

Fortschritt, beschleunigter 53 f.
–, technischer 157
»Fremdeln« 82 f.
Fremdenhaß 77 ff.
Fremdgehen 60
Freud, S. 135
Fromm, E. 98 f., 101 f., 108 f., 111 f.
Führernaturen 48 f.
Furcht 11 f.

Gabcik, J. 104
Gastarbeiter 76 f.
Geborgenheit in der Herde 18
Gehorsam, blinder 114
Gene, eigennützige 117
Geschlechtlichkeit 118 f.
Glowatzki, G. 142
Greueltaten 105 ff., 110 f.
Großhirn und Wißbegier 161 f., 171
Gruppenfremde 109 f.
Gruppenzugehörigkeit 63 f.

Hacker, F. 90, 103
Hackordnung 29, 37, 48
Hahnemann, Ch. F. S. 146
Harrington, J. 91
Hebb, D. 41 f.
Hexenhammer 74
Hexensabbat 148 f.
Hexensalben und Halluzinogene 148 f.
Hexenverbrennungen 74 f., 150
Heydrich, R. 103 ff.
Himmler, H. 103
Hitler, A. 72, 101
Hobbes, Th. 102
Hold, B. 48, 50
Homöopathie und Glaube 146 f.
Horoskop 152
Huxley, Th. 95
Hypersexualität 129 f.

Imponiergehabe mit dem Auto 29–33
Innozenz VIII. 74
Institoris, H. 74
Isolation, Angst vor der 60

Jugend, Rolle der 52 f.

»Kampf der Wiegen« 79
Kampf ums Dasein 95 f.
Karrieresucht 29
Kato, H. 38 f.
Kausalitätsbedürfnis 175 ff.
Keuschheit 130
Kindheit 9 f.
Köhler, W. 115
Kohl, H. 51
Konditionierung 40
Kopulation und Partnerbindung 127 f.
Krieg 110 f.
Kubis, J. 104
Kuckucksterz 18 f.
Ku-Klux-Klan 68 ff.
Kulturkreise, fremde 76 f.
KZ-Häftlinge 22 f.

La Barre, W. 170
Lampenfieber 84
LeBœuf, B. 121
Leistungskurven 26
Leistungs-Neurastheniker 25 f.
Lidice 103
Lindemann, H. 16
Lorenz, K. 41, 47, 51 f., 98

Magische Rituale 151 f.
Massenvermehrung 36
Masturbation 129
Matussek, P. 13, 22
Maximierungssucht 161 ff.
Mayr, E. 169, 172
Mensch als »Nichtspezialist« 155 f.
Menschengeschlecht, Alter 34
Menschwerdung 165 f.
Minderheiten 71 f., 76 f.
Mishima, Y. 91 f.
Mobbing (Anstoßaggressivität) 57 f.
Morallehre, katholische 125 ff.
Morris, D. 66, 129 f., 136 ff.
Mutation und Auslese 117 f.

Neuerungsstreben 47
Neugier 153 f.
Nietzsche, F. 24, 33

Opfergaben 178
Orgasmus-Unfähigkeit 130 f.

Paul VI., Papst 158
Pawlow, I. P. 39 f.

Peuckert, W. E. 149
Pferchungstreß 37 f.
Phallus-Symbole 135–138
Pius XI., Enzyklika 126
Platanov, K. K. 184
Platzbehauptungszwang 21 f.
Pogrome 72 f.
Polygamie 122 f.
Pranger 85
Priesterkaste 178 f.
Prokop, O. 140 f.
Prostitution 139
Protesthaltung 50 f.
Psychogener Tod, siehe Vagustod

Rangordnung 48 f.
Rassen 64 f.
Rassenvorurteil 67 f.
Rath, E. v. 72
Reflexe, bedingte 39 f.
Reichskristallnacht 72
Rivalenkämpfe 94, 121 f.
Röhm, E. 103
Rückendeckung im Restaurant 28

Säuglinge, Reaktionen 56
Scharfrichterpsyche 115 f.
Schenkel, R. 47 f.
Scheu und Selbstsicherheit 83 ff.
Schultz, H. J. 14
Selbstmord 91 f.
Seßhaftwerden 62 f.
Sexualität und Sinne 132 f.
Sigerist, H. 182
Sklavenhandel 66 ff.
Sprenger, J. 74
Streber in der Schule 59
Sturm und Drang 51 f.

Teufelsglaube 157 f.
Tierquälereien 105 f.
Tinbergen, N. 41
Töten als Sport 100 f.
Toffler, A. 54
Totstellen 11, 17
Triebtäter 42
Tronick, F. 57

Überholtwerden 30 f.
Überirdische Wesen 177 f.
Überwachungszwang 60 f.
Uexküll, J. v. 19, 81

Um-sich-blicken beim Essen 86
Ursache – Wirkung – Denken 176f.

Vagustod 12ff.
Vergewaltigung 138
Verhaltensmuster bei Kindern 48ff.
Vielweiberei 121f.
Voodoo-Tod 17f.

Waal, F. de 97
Waffenbesitz, Freude am 27f.
Wallfahrtsorte 181ff.

Warner, H. G. 126
Washburn, S. L. 99ff.
Watson, J. B. 40
Wegezwang 80f.
Wickler, W. 128
Wilberforce, Bischof 95
Wißbegier 161–172
Wohngemeinschaften 28f.
Wunderheilungen 181ff.

Züchtigung 136
Zusammengehörigkeitsgefühl 109